我 可 以

心 甘 情 愿，

但 你

不 能 理 所 应 当

何德恺——

著

北京理工大学出版社
BEIJING INSTITUTE OF TECHNOLOGY PRESS

图书在版编目（CIP）数据

我可以心甘情愿，但你不能理所应当 / 何德恺著. --北京：北京理工大学出版社, 2019.1

ISBN 978-7-5682-6445-7

Ⅰ.①我… Ⅱ.①何… Ⅲ.①人生哲学—青年读物 Ⅳ.①B821-49

中国版本图书馆CIP数据核字（2018）第246268号

出版发行 / 北京理工大学出版社有限责任公司

社　　址 / 北京市海淀区中关村南大街 5 号

邮　　编 / 100081

电　　话 /（010）68914775（总编室）

　　　　　（010）82562903（教材售后服务热线）

　　　　　（010）68948351（其他图书服务热线）

网　　址 / http://www.bitpress.com.cn

经　　销 / 全国各地新华书店

印　　刷 / 三河市京兰印务有限公司

开　　本 / 889 毫米 × 1194 毫米　　1/32

印　　张 / 8.25　　　　　　　　　　　　　　责任编辑 / 王晓莉

字　　数 / 142千字　　　　　　　　　　　　文案编辑 / 王晓莉

版　　次 / 2019 年 1 月第 1 版　2019 年 1 月第 1 次印刷　　责任校对 / 周瑞红

定　　价 / 36.00元　　　　　　　　　　　　责任印制 / 施胜娟

序言

今年厦门的夏天来得格外迅猛，一场春雨一阵艳阳之后，春寒料峭的日子仿佛才刚刚开始，夏日就轰隆隆地来临。濡湿闷热的空气扑在脸上，黏稠而又油腻。

有一阵子，心情莫名焦躁，开始对未来和不可知的前路胆战心惊。我已经安稳平淡了许久，从未有过如今这般的战战兢兢。

在写这本书之前，我出过三本励志类的书籍。这三本书中，我竭尽所能地将自己所有的正能量传递给每一位读者和每一个曾经喜欢过我的人。

在前面的几本书中，我总是阳光的、向上的，浑身上下充满了无穷斗志的模样。很多人曾经跟我说过，因为看过书中的故事，而决心要变成一个更温暖、更积极向上的人；从今尔后，不要颓唐，不要沮丧，不要变成一个厌世嫉俗的人。

我很庆幸，自己的故事能够感染到那么多人，能给他们前行的力量，这是我的心愿，亦是我写作的初衷。

最终定下来要出这本书，大约是在去年10月或者更久之前。当时编辑找到我，说让我从不同的角度写一本揭示人性方面的书。

其实在她找我之前，我就已经写完了七八万字的样子。可最后的几万字，一直用了半年多的时间，才断断续续写完。对于一直尽心尽力的编辑，我心中感到十分抱歉；对于那些一直等着看我新书的读者，我也深感愧疚。

写书期间我经历了很多事情，有生活上的，也有工作上的；我也看透了很多东西，认清了很多人。我一直忙忙碌碌，却始终忙得毫无头绪。

我丢失了很多弥足珍贵的东西，错失了很多可以把酒言欢的朋友，这是我的一大遗憾，也是那段时间的迷惘和不安埋下的苦果。

前不久，我从工作了四年的央企跳了出来，成立了自己的公司。我知道，从此之后，我肩上担着的，不再是曾经那样的安稳和庸常，而是要么一路厮杀，直到看到未来的曙光，要么自甘沉沦，变成市井中最普通的那样一群人。

我也曾经想过，如果我一直生活在从前那样一个自己不喜欢的环境中，终有一天，我会将自己的热情消磨殆尽，逐渐沉沦下去。

那么即使头破血流，也要和过往的岁月道一声再见。

这本书的名字叫《我可以心甘情愿，但你不能理所应当》，非常符合我的心情，也是我这半年来的生活写照。

很多时候我们会发现，坏人易做，好人难当。每一个努力做好人的人，几乎都要面临别人对自己的伤害。

但是，我从来都不愿意去做一个坏人，也不鼓励我的读者们去做一个坏人。我只是想要告诉所有读这本书的人，我们在做好人的同时，应该做一个棱角分明的好人，做一个有锋芒、有锐气的好人。

这便是这本书最核心的内容。

正如有人说：你当善良，且有锋芒。

何德恺

2018年6月4日于厦门

目　录
CONTENTS

不要把我的心甘情愿，当成理所应当

第
一
章

1

莫让你的善良，变成别人眼中的软弱

第二章
▼▼▼

2

成全他人之前，请先成就自己

第三章

伤害过你的人，可以原谅但绝不能轻信

第四章

▲▲
▲

第一章

不要把我的心甘情愿，当成理所应当

我可以心甘情愿，但你不能理所应当

去年奶奶九十大寿，我请了几天假回家。

大寿当天，宾朋满座，家里热闹非凡。

很多我连面相都没见过几次的亲戚过来给老人祝寿，席间闲聊，说起了年轻人的就业问题。

一个我都不知道该叫什么的亲戚突然跟我妈说："听说德恺进了一个好单位呀，月薪过万，工作轻松，又稳定又体面，你们享福啦。"

我妈连忙说："哪里呀，不过是打工糊口而已。"

我坐在一旁，不知如何搭腔，只能在心里嘀咕："又轻松又稳定又体面，钱还多，这样的工作哪里有？我是真的很想找一份的。"

这时候又有一个亲戚说："是啊，德恺有正式工作，在大城市认识的人也多，将来一定大有出息。"

我在旁边如坐针毡，一个个地这么捧我，我还真不习惯呢。

突然，后面发声的那个亲戚又说："我们家萍萍今年大专毕业了，到现在还没找到工作，德恺你要帮帮忙啊！你在大城市认识的人多，你给她介绍一份工作呗。"

我毕业不到三年，去哪给她介绍工作啊？碍于亲戚的面子，我只好礼貌性地说："我也刚毕业，没什么人脉，不过我尽量，萍萍是学什么的？"

亲戚说："学的好像叫什么行政管理吧。"

我点头说："哦。"

我原本以为，彼此客套的寒暄，象征性地相互吹捧一下，在家乡也算是一项礼仪。

没想到，我休假回来的第三天，就接到一个姑娘的电话，她说："恺哥，我是××的女儿，我妈妈跟我说，你那边有合适的工作介绍给我，我现在已经到了厦门北站了。"

我绞尽脑汁想××到底是谁，回忆了一下，才想起，就是我妈说的那个隔了三代的表姑。

没办法，我只好请假把她接到酒店安顿下来。然后想起，一个朋友说他们公司刚好在招行政助理，实习期工资三千，转正之后三千五，想想萍萍刚刚大学毕业，这份工作也算刚好合适。

由于和朋友关系还不错，萍萍只是象征性地面试了一下，第二天就可以去上班。

原本我以为，这件事情到此也算有一个圆满的结局。

可是没想到，才半个月我妈就打电话跟我说，那个表姑现在在家里到处说，我给他们家萍萍介绍了一份又苦又累工资还少的工作，自己有能力也不肯帮亲戚，对她女儿敷衍了事。

我打电话问朋友到底怎么回事，朋友说，那个萍萍干了一周就辞职了，平常工作拖沓，上班的时候只顾着拿手机聊天，领导交代的事情也总是办得乱七八糟，部门领导就说了她两句，她居然跟人家对骂起来。

我跟我妈吐槽，说自己的委屈，明明自己尽心尽力了，却在别人口中不落好。

我妈开导我说："家里人就是这样啦，你也别太往心里去了，有些人啊，就是那么不知趣，总把别人的好意当成理所当然。但是你记住，对于这样的人，你不帮是本分，帮她是情分。"

自从那件事之后，再次回家，每每遇到夸我的亲戚，我总是避犹不及。

因为我是真的害怕，再遇见类似的人。

很多人在生活中，总是以自己的利益为中心，总觉得全世界的人都应该围绕着他转，所有人对他的帮助都是理所应当的。如果你一旦不帮，或者真的只是心有余而力不足，他们就会跳出来诋毁你。

说你无情无义，连亲戚朋友都不帮。

说你有点小成绩就自以为是，忘本，就六亲不认。

更有甚者，即使你倾尽全力帮了他，但是没有达到他想要的结果，到最后甚至变成是你的错，是你不够诚心，是你没有用心，是你没有尽心。反目成仇的事件比比皆是。

恕我直言，这样的亲戚，我真的是宁愿不认的。

我一直认为，如果一个人愿意帮你，除去父母，其他所有人，对你而言，都是情分。

如果你没有感恩之心，当然或许人家也并没有想要得到你的感激，倒也无可厚非；但是如果你还要恩将仇报的话，那我只能说你这个人不仅贪得无厌，还不会做人。

这个世界上，没有谁对别人的付出是理所当然的；也没有谁应该心安理得地享受别人的帮助。

因为生活始终是自己的，对自己的生活负责，对自己的将来负责，是一个人最起码的标准。

如果有人在你困难的时候，适时地拉你一把，即使没有达到你的预期，对你而言，他依旧是帮助过你的恩人。

我们在苛求他人的同时，回头想一想，对自己，是否也这样求全责备？回头想一想，自己是否也这么倾尽所有地去帮助过别人？

感情也好，为人处事也罢，从来讲究的都是你来我往。

除去父母，没有人有责任、有义务、有必要真的去拉你一把。而那些拉你的人，要么是关心你，要么是心地纯良。

他们或许不需要你的感激，但是如果你在事后做出一些令人心寒的事情，是不是太过分？

有时候，其实对于一些力所能及的帮助，我们都是怀着善意去做的，或许根本就没想过要什么感激。可是太多的人，在得到你太多次的帮助之后，却反而把你的帮助当成了生活常态，当成了理所当然，接受起来也变得心安理得。

而如若有一天，当你不再对他提供当初的帮助时，他反而跳起来说："你怎么可以这样无情无义？你怎么不帮我了？"

我曾经帮助过很多人，也得到过很多人的帮助。

对于那些帮助过我的人，我一直铭记在心，因为我知道，如若有一天，但凡在他能用得着我的地方，我一定会倾尽全力地去帮他，这样才不辜负当年他的帮衬提携。

可是有太多的人，把你的帮助，当成了生活中理所当然的一部分。

比如一个朋友曾向我多次借过钱，我也都借了，但是因为最近买了点东西花了很多钱，这个朋友再次借钱的时候，我是实在拿不出了。结果人家就在背后说我小气抠门，几千块钱都不愿意借，做朋友做到这个份上，真是瞎了眼。

我想，瞎眼的那个是我吧？怎么一开始就没看清楚这种人的可憎面目呢？

比如之前有个读者，一开始说有多喜欢多崇拜我，平常也喜欢写写文章，写完了之后时不时拿给我看看，要我帮他修改提意见，我也抽出时间，给他改了好几次。

但是最近，因为赶稿的原因，一直没空。结果这个读者在微信上当即就对我说："一个小作者而已，有必要这么摆谱吗？"

我：……

比如还有一个算得上朋友的读者，我每次出新书，他都跟我说，恭喜恭喜，大卖大卖。然后又跟我说："恺哥，我能不能有幸得到你送我的亲笔签名书啊？"我想了想，手上已经没有新书了，但是难得人家喜欢嘛，于是就在网上买了一本，签好字，给他寄了过去。

前不久，我第三本书出来，刚好赶上厦门"金砖会议"，快递停运。这哥们又跟我要书了，我就说："我手上已经没书了，现在网上都有的卖，刚好打五折，也不贵，十几块钱，要不你自己买本吧！"

　　结果人家说："亏我把你当朋友、当偶像，送本书怎么了？一二十块钱的事。出了几本书了不起了，开始耍大牌了吗……"

　　我：……

　　其实类似的事情，还有很多。

　　每次遇见这样的情况，我都哭笑不得。

　　明明一个个都是"伸手党"，偏偏说起话来，怎么感觉比谁都理直气壮？

　　我对你好，是我错了。

　　我一开始就不应该搭理你的。

你的大度，有时候变成了对自己的苛责

我们常常告诫别人，也提醒自己，做人一定要大度。飞短流长怎么样？黑云压城又怎么样？只要心中自有一束不灭的温暖阳光，以风清明月的姿态，从容地面对一切，待到云开雾散，必定会有柳暗花明的一天。

大度，是一种态度，更是一种心性，做到大度就做到了心平气和，做到了泰山崩于前而岿然不动。

这是典型的中庸思想。

当真进入社会，走进这个大染缸之后，你才会发现，有时候对别人的过度宽容，到头来，得到的不一定是知恩图报，很可能是得寸进尺，甚至是恩将仇报。

人是一种恃宠而骄的动物，这句话适用于任何人。你越是退让，他就越是逼近；你越是妥协，他就越高昂；你越是宽容，他就越苛刻放肆。

这是人性的常态。

就如同那个乞丐的故事，你今天投一块钱给他，他会感谢，明天再给他一块，他会感激涕零，当你每日都给他一块钱的时候，他就会逐渐习以为常，理所当然，变得无感。可是直到有一天，你不给他了，反而给了他旁边的另一个乞丐，那么他就会跳起来抓起你的领子，大声地斥责你："为什么今天的钱不给我，反而他，你怎么这样？"你说："好吧，那我再给你一块。"那么从此之后，你只要路过那里，都要像往常一样往他碗里丢一块硬币，因为在他看来，这都是你应该做的。

昨天，一个大学同学打电话给我，许久未见，聊得欢畅。目前的生活状态、工作状态，还有对未来的考量和计划，总之离校之后在社会上遇到的事情都会扯上一会儿。

给我印象深刻的是，当聊起工作上的事情的时候，有一个小故事让我思考了一下。

同学进的是事业单位，工作平稳安逸，薪资水平也足够温饱。

刚进单位的时候，因为是新人，所以不免对前辈、领导恭敬顺从了些。平时说话轻声细语，即使受到批评也欣然接受，对其他同事递交过来的非本职工作哪怕端茶倒水也欣然接受。

他想，作为职场新人，总得有一个勤奋踏实的态度吧。这样，将来在这里安身立命也会顺畅许多。

同学单位有一位年长的女领导，说起来并非同事的直系领导，只是同属于一个归口部门，甚至连一个科室都算不上。平时为人严肃计较，鸡毛蒜皮的小事也能闹到单位一哥那里。刚进公司的时候，就有同事警告过我同学，说务必要小心这位领导，如果一不小心得罪了她，将来可有得罪受了。

同学听闻后，自然不敢怠慢，但凡那位领导交代过来的事情，必定优先处理，完美解决。当然，同学的苦心付出也不算被辜负，那位女领导虽然算不上对他赏识有加，但是至少对他和颜悦色。

但是正是因为同学的各种礼遇，各种退让，一些不必要的工作也逐渐接踵而来。她完全将我同学当作自己的下属驱使。同学本来打算挺挺就过去了，反正作为领导，自然有她的考量。但是越到后面，交给他的工作越多，甚至影响了自己的本职工作。

同学的部门领导有点看不下去了，毕竟自己部门的人，自己都没安排这么繁重的工作。一来心疼，二来觉得那位女领导不尊重自己，用自己的下属，连招呼都不打，直接呼来唤去，简直对自己的存在视若无睹。

于是跟同学说，让他推掉那位女领导交给他的工作，因为大领导都没有同意，她没有权力把这份工作交给他来做。同学夹在中间，不知如何应对，但最终还是遵循了自己部门领导的意思。

他很委婉地向那位女领导表达了自己的意思，说："如果这份工作要是交给我来做的话，我很乐意锻炼自己，但是您需要跟我老大协商一下，同时要经得大领导的同意。"

那位女领导听同学这么一说，瞬间火冒三丈，说同学打官腔，用自己领导和大领导来压她，并把同学数落一番，说什么年纪轻轻就推三阻四，油腔滑调，不知上进等。

同学被她无端数落一番，本来心里窝火，但是一想到对方毕竟年纪大了，也算是单位的老功臣，退一步讲也是自己的前辈，忍一忍就算了。

但是那位女领导一直没完没了，之后还是用各种手段强把工作塞到同学手中，同学几次沟通无果，最后部门领导直接出面，将这件事否决了。那位女领导跑到科室领导和处领导那边闹，但是终究由于无理，被大领导压下了。

从此之后，那位女领导对我同学怨念至深。

每每碰到，同学都会出于礼貌和敬重，向她打声招呼，避免横生罅隙。可是大多数时候，她都以白眼相待，让同学尴尬不已。

同学想，那就罢了。既然自己好言好语好态度，最终只能换得这样一个结局，也没什么好纠结的。以后见到时，尽量躲着她一点就是，躲不掉了，大家像陌生人一样，擦肩而过就好。

因为有些人就是这样，送上去的敬重偏偏不要，总要等到别人冷眼相待的时候，态度才反而柔软下来。大度，从来都只对懂得感恩的人才有用，对于那些冷漠或者计较的人，往往会有报应落在自己身上。

果不其然，在同学态度冷下来对她视若无睹之后，每次遇见，她反而开始笑着打招呼了。

这让同学跟我说起这事的时候哭笑不得。

其实我们在生活中、在职场上常常会遇到类似女领导这样的人。蛮横不讲理，对她宽容一分，她就骄纵一分。

因为在她的眼中，你就是这样一个软弱的好欺负的人。你这样的人，让她觉得不配得到她的正眼相待，也不配得到她的尊重和所谓的平等。

俗话说"柿子要捡软的捏"，那个听话的、忍让的、唯命是从的你，在他们的眼中，就是那个最好捏的"软柿子"。

所以，以后在生活中，我们尽量做一个刚毅果敢的人。那些值得你敬重、值得你大度、值得你付出宽容的人，就大大方方地把自己最好的一面展现给他们；而对于那些得寸进尺、不知进退、从来都把你当成软弱好欺负的人，就堂堂正正地向他们说声

"No"！

没什么好怕的，得罪了他，你也可以漂亮地生活下去；即使离开了这个单位，还有无数个单位向你招手。生活本来就不容易，凭什么让自己窝囊地生活在这些不知好歹的人中间？

其实，并非所有的人你都要竭心尽力地去讨好和维护。有些人围绕在身边，除了利用你，还要故意踩低你而找回在别人那里丢失掉的尊严和脸面。你就是他内心不平衡的宣泄口。

我从来都遵循一个原则，那些识趣的、知道感恩的人，以赤子之心待之；而那些别有用心的人，从来都是横眉冷对。

说真的，朋友之间，相互尊重、相互帮衬的叫朋友，其他的，多一个少一个又有何分别？

要敢于对每一个得寸进尺的人说"不"

昨晚，一个好友和我打电话至凌晨。

他在北京，我在厦门。

毕业三年，因为工作原因，我们很少见面，记得上次喝酒，还是一年前的事情。

朋友是北方人，面相俊朗阳光，性格爽朗直率，半斤酒下肚，吹起牛来，滔滔不绝。

在我的印象中，朋友刚毅、硬朗，典型的糙汉子。可是昨晚，在电话中，一个大男人，却哭得伤心难耐。

我向来不太会安慰人，除了倾听也不知道说些什么、做些什么能让他好过一些。

朋友和我一样，出身农村，父母是地道的农民，而且直到现在，身体一直不太好。朋友从小聪慧孝顺，极尽能事地想要减轻父母的负担。

　　大学的时候，当我们所有人还徜徉在象牙塔的瑰丽世界里不可自拔的时候，他已经开始四处奔走，摆地摊、创业、做生意，有亏有盈，虽然最终算起来并未赚到多少钱，但是实实在在地给家里减轻了不少压力。

　　像我们这样的孩子，出身贫寒，足够坚强，足够硬朗，但就是太过敏感，太过有自尊心，有时候还会无端生出一种莫名的自卑感来。

　　而朋友，是把这种性格发挥到极致的人。他爱面子，好强，不认输，眼睛里进不得沙子……

　　可这个好强的男人，在面对一个和自己痴缠十年的女人时，瞬间就变成了一个毫无原则、无限退让的人。

　　我说不清他们之间，到底是爱情，是羁绊，还是冤孽。

　　他们彼此，从去年开始，已经感觉不出爱情，更多的像是互相折磨，彼此纠缠。很多时候我也会想，如果真的不相爱，这十年光阴又是怎样仓皇度过的？

　　作为局外人，我尚且看不明朗，不知道他们深陷此中的两个人，到底是怎样的一种心情。

　　朋友和姑娘在十年前相识，正是他们上高中的时候。

　　那时候都很稚嫩，一个眼神、一句暖心的话，或者一个浪漫的动作，就变成了爱情。

朋友和姑娘其实高中就确定了男女朋友的关系，两个人郎才女貌，倒也般配，在那个家长和老师围追堵截早恋的年代，他们把对彼此的感情诠释成了最美好的一段时光，让很多感情处在萌芽状态的少男少女羡慕不已。

很多人都认为，他们两个是他们学校那一届最般配、最羡煞旁人的一对。

可是好景不长，高三的那个暑假，空气湿热，气温烦闷，刚刚经历过高考的小孩，就像是放开手脚的飞鸟，撒欢似的在那个七月狂欢。

姑娘出轨了。

和朋友一个玩得特别好的同学。

朋友知道的那一刻，简直崩溃了。

对于一个心智还未完全成熟的青少年而言，这无异于是一个重大的打击。一边是天天在自己耳边口口声声说爱自己，要跟自己一起走到婚姻，一起生儿育女，一起皓首到老的女朋友；一边是跟自己说着豪言壮语，将来一起打拼事业，一起并肩奋战的兄弟。

就是这样自己最信任、最维护的两个人，居然一起背叛自己。

年少时的感情，轻率而直接，感性永远多过理性。或许只因为别人多给她买了几次早餐，多送了她两件礼物，就觉得相较而言，这个人更爱自己。

在那个懵懂的年纪，肩上哪里真正承担得起爱情的承诺，哪里负担得了一生一世这样轻率的誓言？

因为这件事情，他们终究还是分手了。

朋友留校复读了一年，女生出国了。

刚上大学的时候，朋友喜欢上了同年级的一个姑娘，而他也终于从前段不成熟的感情中脱离出来。

即使忘不掉，也好过一直放在心上。

朋友的新女朋友后来成了我很好的朋友，姑娘善良可爱，对朋友也一直死心塌地。

我以为，朋友和前女友算是有了一个彻底的结局。相忘江湖，不讲未来。

可是大二那年，姑娘再次辗转得到了朋友的联系方式，据说是在国外和男朋友分手了。

在此之后，曾多次不远万里，从国外跑回来看朋友，然后想尽一切办法加上朋友现女友的联系方式。我不知道他们之中到底发生了多少狗血的剧情，我也不知道他们在这样一段三角关系中到底孰是孰非。

可事实是，在大二的时候，朋友和他大学的女朋友分手了，而戏剧的是，和前女友又在一起了。

毕竟是私人感情，作为局外人，我不好多说什么，也不曾奉劝朋友到底该怎样做。说到底，感情从来都只是两个人的事情，容不得第三个人在中间评判。所谓冷暖自知，形容感情正适合不过。

我只是跟他说，既然选择了在一起，既然选择了原谅，那么两个人就一定好好的。有时候在一段感情中，想太多或者比较多，反倒是感情崩溃的前兆。

但是没过多久，他们再次分手了。姑娘又一次消失了很长一段时间，后来喝酒时，朋友一脸失落地说："她在国外有男朋友了，而且还同居在一块儿了。"

我们兄弟几个，低头不语，抬头喝酒。因为面对这样的情况，真的没有任何语言能够表达我心中的那种别扭的违和感。

大概一年的时间，朋友再次进入另一段感情，他说，他一定会把她忘记，他一定再也不会见她，再也不会原谅她。

虽然感觉大二时的那个女生有些无辜（因为是我很好的朋友，也替她感到憋屈），但看到他能够再次走出来，我依旧替他感到高兴。

但是大四那年，姑娘再次出现了，又以同样的方式介入他的这段感情中。另一个姑娘又无辜受伤出局，而朋友再次退让接纳。

他们又一次走到了一起。

不过这次不同的是，他们搞出了一件石破天惊的大事，在一起没多久，姑娘怀孕了，两人匆匆结婚。我们大学毕业的时候，他们的女儿刚好降生。

虽然对于他们的感情，出现了太多的乌龙，但是我宁愿相信，这就是所谓的"兜兜转转还是你"，虽然这个兜兜转转伤害了另外两个太无辜的好姑娘。

能够最终走进婚姻的殿堂，能够拥有一个健康可爱的孩子，也算不辜负这兜兜转转的十年，以及两个人之间如同偶像剧一样虐心的剧情。我们所有的朋友，也一致祝福，希望他们长长久久，真的能够白头到老。

可昨天晚上，朋友哭着跟我打电话，让我再次大跌眼镜。

在他们女儿三岁半的这个当口，他们离婚了，连手续都已经办全了。据朋友说，这个已经不再是当年任性的小姑娘、年纪逼近30岁的女人，再次出轨了。

要说当年学生时代，总觉得青春无限，总觉得爱情可以带来生活的养分，总觉得人只要潇洒就算是没有虚度了这灿烂年华，而见异思迁也勉强算得上情有可原。

可这一次，毕竟两个人肩负着家庭的责任，肩负着孩子的未来，并且维系着婚姻这份契约，却再次因为感情中的第三者，使这个家庭分崩离析。这不是负不负责任就能阐述的，这是一种极度到无以复加的自私和狭隘。

当然，其实更多的是，朋友一次又一次的退让，让姑娘对于背叛感情的成本估量得太过轻微。在她的意识里，"不管我怎么做，不管我如何胡闹，不管我曾经做过多么让你伤心让你难过的事情，只要我一回头，只要我几句吴侬软语，你就一定还守在原地。"

"你越退让，我越变本加厉；你越妥协，我越得寸进尺。"

在她的认知中，自己依旧还是个小孩，大好世界还没游览够，而之前为了留住你而草率的结婚只不过是自己一时的冲动。趁着还未老，趁着还可以继续在所谓的感情里驰骋，不如多爱几个热烈的人，多喝几次最烈的酒……才算不辜负这精彩人生。

说起来既潇洒又酷。

可是孩子呢？双方父母呢？还有那个一次次为你心伤一次次又原谅你的男人呢？

你把他们置于何地？

我不知道朋友是因为心软，或者说是因为所谓的感情，还是真的只是因为经不起软磨硬泡，才一次次妥协退让。从一开始的劈腿，到现在的婚内出轨，越演越烈，越发肆无忌惮。

　　或许从一开始，在她回来找他的时候，就应该勇敢地和她说声"不"，或许就再也没了这后面的多重伤害，没了这几年近乎折磨般的纠葛，也没了昨晚上那撕心裂肺的哭声。

　　感情从来都不是一个谈判的筹码，一个人对你的忍让和妥协也从来都不是你挥霍感情的资本。这个世界上从一开始就不存在谁亏欠谁，谁应该多付出一些，特别是在感情上。

　　但是反过来说，每一个被变本加厉、得寸进尺伤害过的人，不管是男生还是女生，都曾在感情中软弱怯懦，没错，就是胆小鬼！

当你在尽情挥霍时，父母在做什么

前几天大概十点钟的时候，我在写文章。突然收到母后的短信："儿子，下班了没？冲凉了吗？这段时间忙不忙？我很久没加班了，每天都是五点半下班，'井'么办？房租又贵。你一个人在外面要保护好身体。有烦'老'的事情就'上他'过去，不要放在心里。好吗？听话！"

你没有看错，这不是我笔误，确实是我妈发过来的原文，短短一百来字有好几处错别字。我妈文化水平不高，小时候因为家里穷，根本上不起学，所以小学未毕业就辍学了。

我妈并不是在什么好的单位上班，而是在广东和千千万万的普通工人一样，做着一些流水线上的事情。大学有一年暑假，我在她所在的那个工厂上了半个月的班，然后就再也坚持不下去了。在那里，接近40度的高温，里面却没有空调，甚至连风扇都是隔了好远才有一个。上一天的班，身上总会被汗水浸湿、干掉，然后又浸湿，来来回回好几遍。

我们上班的时候，总是期待着少加些班，多放些假。可是我的父母，却总是期盼着能多加点班，这样就有高出平时上班工资一半的加班费。因为他们在外面租房贵，如果没有加班费，每个月除去开销基本上就剩不下什么钱了。

从小到大，家境算不上富足，但是因为父母的努力，也并不是很贫寒，凡是我想要的，他们都会尽力满足。在大学里，我的生活费不会比城市里的孩子少多少。但是他们自己，哪怕买一件超过一百元的衣服，都会心疼不已；我爸哪怕抽十块钱一包的烟，都会觉得很贵。

我们总是梦想着生活得惬意舒坦，总是幻想着自由快乐，总是幻想着放弃眼前的苟且，去向往诗和远方。可是我们的父母依旧在苟且，我们又有何资格去向往诗和远方？

有人问我，你那么努力到底是为了什么？成名成家，还是家财万贯？

其实我并不想什么成名成家，我也不想富甲一方，我只求生活平淡安稳，只求父母健康长寿。我想要给我妈买一套贵一点的衣服，想要我爸再也不用抽那些几块钱一包的烟；我想要他们生病的时候不用自己挨着，不肯上医院；我不想他们已经到了如今这个年纪还要在外面抛头露面，接受着别人的训斥和责难。

我们面对自己的憧憬和梦想的时候，总是侃侃而谈，我们为了达到自己的要求，对父母予取予夺，而忘却了身后的父母是以一种怎样的状态在生活。他们蝇营狗苟，他们唯唯诺诺，可是他们所有的出发点，都只有一个，那就是希望我们过得更好一点。可是，我们怎么能那么自私地，在享受着他们所给予的安稳生活之时就忘却了他们那副逐渐老去的容颜。

大学的时候，有个同学，每到一个月的时候就会回家一趟。我们那时候年少不懂事，总是笑话他，说他都这么大了还永远像长不大的孩子，总是依赖着父母。对于我们这样的评价，他从来不做辩驳，只是安静地坐在一旁，一言不发。

直到后来我们才知道，原来他在上高中的时候是寄宿生，快高考的时候，母亲打电话给他，说他这两个月别回家了，生活费会按时打到他的卡上，自己在学校好好复习，不要耽误了高考。

那时候的他根本没有多想，以为母亲是怕他回家的时候忘了学习，怕他将来考不上好的大学。于是就听从了母亲的话，一直待到高考结束才回到家。

原本因为考得还不错，心情十分高兴。可是当他回到家的时候，才发现，父亲已经在病床上躺了将近三个月。就在母亲打电话给他的那一天，父亲开车的时候一不小心出了车祸，十分严重。家人怕他担心，耽误了学习，所以一直瞒着他，直到他高考结束。

那一刻他突然有点后怕，生怕自己在不知觉间，父母就那样悄悄地离开了自己，然后永远都没有了再见之日。

他说，自从我们上了中学，和父母在一起的日子就逐渐减少，大学之后就更加难得了。而将来工作之后，一年能够相见的时日顶多也就十来天。如此一算，这一生，与自己最亲的亲人相处的时日竟然如此之短。如果不趁着现在还有时间，好好跟他们相处，将来就越来越少了。这也是自己每个月都会回家一趟的原因。

好多次我都跟母后说："妈，要不您就别出去了吧，在家多好呀，自由自在的，没人约束，不看人脸色。"

我妈总说："我们还年轻，还干得动，等将来老了，干不动了，就回来。你看现在你也这么大了，将来要结婚，要买房子，你弟弟还在上学，不累点拿什么来供呀？"

一到这时候，我就无力辩驳。对呀，因为我现在什么都给不了他们，我甚至还要让他们继续为我操心，为我受累。一想到这里，我就格外难受。

很多人会说："恺哥，你看你以前是写小说的，现在长篇累牍的都是鸡汤。你那些华丽的辞藻呀、感人肺腑的故事呀，还有愁肠百折的情感呀，通通都不知道哪里去了。"

还有人说："恺哥，你以前那种无拘无束的写作方式真的很好，但是不知道为什么现在就变成了千篇一律的格式文了。"

其实，我对写作的热爱从来都没有间断过，坚持写作的决心也从来都没有动摇过。我也想写写小说，然后逐渐进入严肃文学的领域，成为一名严格意义上的作家。但是很多人不知道，那些严格意义上的作家，那些不作秀、以文学为出发点的纯文学作家，大部分要么是身兼数职，要么是贫困潦倒。因为毕竟并不是每个人都能成为莫言、贾平凹和铁凝这一类人。

我今日所写的这一系列文章，虽然完全改变了从前的文风，但始终以十二分的热忱去对待，始终以自己最大的热忱和虔诚来写这一篇篇的文章。我从来不去刻意迎合什么，也从来不刻意去攀附什么。我只是想，这样的文字，在大众中间更受喜爱，而这样的文字，在一定程度上也给予了你们真正意义上的能量，哪怕小之又小。那么，我就问心无愧了。

所以，我从来不觉得，我写励志文章是件难堪的事情。

同时，写这一系列文章，让我更快地出现在了大众眼前，获得更多人的关注和喜爱，而不再是独自一人在夜半无人的时候敲打着键盘。也因为这些，我能实实在在地触摸到梦想的门槛，能够在将来给自己一个安稳的家庭，给父母一个更加惬意的晚年。

我们的梦想，不单单是自己的梦想。这个梦想中，还应包含爱人和父母。爱人不必和你颠沛流离，父母不应为你老无所依。

有人跟我说："恺哥，上班三年，感到身心俱疲，我真的好想放弃一切，来一场说走就走的旅行，而这，也是我一直以来最大的梦想。"

我说："你的家庭情况怎么样？"

他说，他是家中最小的儿子，父母如今已经年过六十，但是自己依旧一事无成，没房没车没妻儿，父亲还要在农村的建筑工地帮人打工，母亲身体不好，常年需要吃药，但是好在家中没有负债，所以经济上的需求并不是十分迫切。

我说："可能在你父母的眼中，并不是你这样的想法吧！如果不是那么迫切，他为什么还要年过六旬了还在外给人搬砖？"

其实我们所有人的工作，没有不累的，没有哪一份工作是称心如意的。我们会遇到各种各样的难题，会遇到各种各样的上司，关键是看我们自身怎么去调节。

我不反对你去旅游，但是旅游绝不是调节工作状态的最佳办法，它甚至会让你变得更加慵懒，更加想要脱离现在工作的环境。说走就走的旅行固然很美，但它毕竟不是我们这种无所倚仗的人逃离现实生活的最佳办法。我们能做的，就是把工作做好，早日争取升职加薪，让父母少却后顾之忧，到那个时候，那种逍遥自在的生活才真正属于我们，而你追求你的梦想才能真正做到问心无愧。

有朋友说，每次春节回家过完年出门的时候，看到父母那依依不舍的表情，心里就难过得如同针扎一般。自己在外面打拼，总会受到各种各样的委屈，受到各种各样的打击。可是在家的那几天，立马就变成了他们最宝贝的小公主、小王子。每天可以睡到日上三竿，然后起床的时候，他们会把做好的饭菜端到你的面前；自己的房间里但凡有一点脏乱，他们都会跑进来打扫得一尘不染；总是问你想吃什么，然后变着花样不重复地做给你吃；自己在家的时候大鱼大肉、满汉全席，只要我们一走，他们就粗茶淡饭、清汤寡水；每次你只要一生气，他们就会像做错事的小孩一样站在一边不知所措……

我们不知不觉间就长大了，不再是依偎在他们脚边撒娇的小孩了，而他们一瞬间就老了，眼睛模糊了，头发斑白了，连说话的声音都沙哑了。可是我们在外面畅谈人生、畅谈梦想的时候，哪里想到我们的父母这时候正在家里或者在不同的地方做着一些卑微而辛苦的事情？

他们没有理想、没有梦想吗？不，只是他们所有的理想和梦想，都只是为了我们过得更好而已。

不好意思，我不需要你的道歉

老刘跟我说，他前女友欧阳小姐又来跟他道歉了。

说了很多话，说什么之前是她对不起他，是她不知道珍惜他对她的好。如果还有机会重来，一定会好好珍惜这段感情，一定会好好珍惜他。

他们之前的事迹我也略知一二，两人高中的时候就确定了男女朋友关系。到了大学，老刘和欧阳小姐考到了同一个城市，但是不同学校。刚开始的时候，两人感情还如同高中一样，如胶似漆的。可是才过了不到两个月的时间，老刘就明显感觉到了欧阳小姐的冷淡。

一开始，老刘以为，可能是步入了一个新环境，需要时间和精力去适应，也需要一段恰到好处的时光去磨合他们这段算不上异地的异地恋。于是总是偷偷地去关心她，想尽一切办法去逗她开心，每次看到她烦，自己总是小心翼翼地走开，看到她失落，又第一时间出现在她眼前。总之，在所有人的眼中，老刘是当之无愧的模范男友。

但是欧阳小姐还是如同以前一样，不冷不热地对待他，开心了就把他忘得一干二净，难过了就找他过来，一把眼泪一把鼻涕，擦得他满身都是。

最令老刘寒心的是，有一次他送欧阳小姐回宿舍，恰巧在宿舍楼下遇见了她的舍友，欧阳小姐跟她们介绍的却是："这是老刘，我的老同学。"

虽然事后欧阳小姐一直解释说，自己不想太高调，毕竟在大学还是以学习为重，所以暂时委屈一下老刘，等有合适的时机再郑重地介绍给她们。

可是老刘心中一直挺不是滋味的，毕竟是处了快三年的女朋友啊，竟然在面对她舍友的时候，云淡风轻的一句"老同学"就带过了。但是正如欧阳小姐所说的那样，老刘一直以"学习为重，不想太高调"去说服自己。

直到后来，老刘才辗转得知，欧阳小姐凭借着自己出众的外貌，在刚进校门不久，就迎来了学生会主席的一顿狂轰滥炸。虽然老刘觉得，这个所谓的"主席"无论从穿着打扮，还是人品长相上来看，都不如自己。可是自己始终想不明白的是，为何欧阳小姐会在这样一个复杂的三角关系里乐此不疲。难道是真的如别人所说的"七年之痒"？可是他们才短短三年啊！

老刘为了极力挽回欧阳小姐，出现在他们学校的次数更加频繁了，几乎每次都会带她去吃她喜欢的小吃，给她买她喜欢的衣服、包包，还有各种不重样的小礼物。当然，每次看到这些东西的时候，欧阳小姐依旧喜笑颜开。可是转眼之间，当老刘回到自己学校的时候，欧阳小姐马上又变得冷淡，若即若离，和之前比起来判若两人。

不管欧阳小姐如何对他，老刘一直觉得，只要他们之间还没有说出分手俩字，欧阳小姐就还是他女朋友，她肯定还顾及着他们之间那些美好的过往。

直到大三的一天早晨，老刘去欧阳小姐的学校给她送早餐，刚好在门口的酒店看到了欧阳小姐和那个有点微胖、满目猥琐的"主席"慵懒地从大门走了出来，暧昧的眼神，猥琐的笑脸……那一刻，他仿佛站在凛冽的寒风中，仿佛被人硬生生地抽了几百个大耳巴子，瞬间整个人都麻木了。等他清醒过来的时候，欧阳小姐站在离他十米开外的地方，满眼慌乱。想要解释什么，可是嘴角颤抖着，什么都说不出来。

老刘走过去，狠狠地在欧阳小姐脸上扇了一个耳光，然后逃也似的离开了那所他去过无数遍的学校。

毫无意外地，欧阳小姐顺理成章地成了下一届的院学生会主席。身边也开始出现了各式各样的人，但是自从那天之后，老刘就再也没来过，再也没出现过，就好像人间蒸发了一样。

直到去年，老刘宣布结婚消息的时候，欧阳小姐找到了他，跟他哭诉在社会上所受到的各种委屈、遇到的各种渣男。她说，如果老刘还要她的话，她一定死心塌地地留在他的身边，弥补当年年少犯下的错误。她还说是自己对不起他，如果可以，愿意用一生的时光去弥补。

看着泪流满面的欧阳小姐，老刘不是没心软。但是他一想到，当年那个如同拿着一把刀，猝不及防地扎进他心里的女人，所有的怜悯、同情，以及所有之前还停留在他心中的感情，瞬间就灰飞烟灭了。

从去年到今年，老刘已经从结婚到喜得贵子，但是欧阳小姐每次难过的时候总是会给他打电话，总是在夜深人静的时候向他道歉，乞求原谅。虽然老刘已经拉黑过她无数个电话号码，但是她总有无数种办法打过来。

我说："要么，看在她这么诚心的份上，你就原谅她吧，毕竟当年还是小女孩，不懂事，如今她已经知道错了，虽然感情已经错过了，但是至少还能做朋友啊。"

老刘说："其实我真的不需要她的道歉。因为这个人，在大三的那天早上就已经死在我心里了。对我而言，那个美好的初恋欧阳小姐，在大学一开始的时候就已经死掉了。如今出现的这个女人，就如同大街上所有匆忙走过的甲乙丙丁一样，根本就不能引起我心中的半点涟漪，她的那些道歉、那些委屈、那些苦难，还有那些眼泪，不过是她想让自己心安，让自己减轻心中愧疚的筹码而已。可是对我而言，我为何要去帮一个素未谋面的陌生人？我为何要去化解她心中的愧疚和难过？"

这是一个读者朋友发给我的一个故事，被我稍加改编了一下。

我们总觉得，所有的伤痛都会随着时间的延长而逐渐淡忘，所有的伤痕都会随着时间的流逝而逐渐愈合。所以我们就肆无忌惮地对自己最宽容、最真诚的人用最刻薄的方式去伤害，就毫无顾忌地把自己的私有情绪一股脑儿地发泄在他们身上。因为我们总是断定："他这么包容我、爱护我，这些东西，也会在日子的消弭中逐渐消失。"可是我们不知道，有时候，当这些伤害积累到一定程度时，只需要一句话、一个眼神，或是一个表情，所有的感情都会变得万劫不复。

当我们以为，他们还在原地消化着我们所赋予的伤害的时候，其实他们已经躲在一个角落开始默默地疗伤；当我们还肆无忌惮地挥霍着这种宽容和爱护的时候，这所有的宽容和爱护已经逐渐捉襟见肘了；当我们再次受伤想要寻找一个温暖的怀抱的时候，这个怀抱已经住下了另一个人；当我们想起这些好想要再去拥抱的时候，他们早已经不在了。

在这个世界上，没有人，一生下来就该为你埋单，也没有人有任何义务去包容你所有的任性和伤害，包括情侣、包括爱人，也包括父母。

而同样地，当那些曾经毫无节制地挥霍着我们温情的人，有一天对我们说对不起的时候，我们可以笑着大大方方地说："不好意思，我不需要你的道歉，因为，从某一刻起，你就已经在我的世界里死掉了。"

吃亏不一定是福，还有可能是愚笨

中国人很喜欢说一句话：吃亏是福。

特别是上了年纪的中老年男人，常常把这句话挂在嘴边，显得自己高深，超脱世俗，对名利这些身外之物早就看淡，以此来彰显自己的与众不同，顺便标榜一下自己品格有多高尚。

吃亏是什么？

吃亏就是自己本该得到的，却因为种种原因，也许是被别人侵占，也许是分配不公，也许是有些人故意使诈，而导致自己最终没有得到。

说白了，就是自己的正当利益，莫名其妙地因为某些人为因素被侵占了。

自己辛辛苦苦拿下的客户，最后被自己的同事拿走邀功领赏了，他拿到了丰厚的奖金，而你说不定还因为业绩没完成而被罚了款，这就是吃亏；

明明买了三斤肉，回到家一称，发现少了半斤，原来小贩缺斤少两了，这就是吃亏；

一同创业，投入了相同的金钱、相同的精力，也做出了同样的贡献，到最后股权分配的时候，发现对方拿了80%，而自己只占20%，这就是吃亏；

卖东西的时候，收到了假钱，被对方拿走了东西，还补给了他几十块现金，这就是吃亏；

同事朋友说江湖救急，急需钱救命，你转手把自己一半生活费给了他，之后找他还的时候，他翻脸不认，说自己根本就没向你借过钱，这就是吃亏；

公司里上班，所有人为公司的发展鞠躬尽瘁，拼尽全力，年底公司赚钱了，给所有人发奖金，唯独到你的时候，说你没贡献，没钱领。可是这一年你不比任何人少加班，不比任何人少拉客户，不比任何人少辛苦，也不比任何人少白了头发。唯独比别人少的，是在领导面前说好话、拍马屁。这也是吃亏。

以上的种种，哪一个是福？

还是说福埋藏得太深，我修为太浅，看不出来？

或者说，功劳都被同事抢走了，你还应该感谢他，因为这样就不会功高盖主？少了半斤肉你也要感谢小贩的通情达理，知道你最近又胖了几斤，让你少吃半斤肉好减肥？而那被合伙人抢走的30%的股权，是为了不让你骄傲？至于那个欠钱不还的朋友，是为了让你花钱买个教训，看清一个人的嘴脸？而所有人拿奖金，唯独你没有，是怕你揣钱太多，半路遭抢劫，人身安全受到威胁？

原谅我真的编不下去了。

如果这也算是福的话，那你就好好兜着吧。

其实那些经常说吃亏是福的人，分为两类。一类是已经吃过亏，但是拿对方无可奈何的人；另一类是，还没吃过亏，但是异常害怕吃亏的人。

已经吃过亏，但是拿对方无可奈何的人，吃亏原因不尽相同，但是大致有几个：要么是自己不识辨人，要么确实是自己一开始就有错在先。但是无论怎样，归结到底，都跟自己有很大的关系。

这类人，明知自己吃亏，却不知道怎样去为自己讨回公道，毕竟自己的失误也是造成吃亏的一个原因。于是要在心理上给自己找回颜面，形成一种下意识的心理自卫。同时还要在外人面前表现出一副自己是受害者，但是作为受害者自己有多大度的认同感，于是开始说着所谓的"吃亏是福"。一是麻痹自己，二是提醒他人，错的是别人，不是自己。

这跟一个人买股票损失惨重后，用酒灌醉自己是同一个道理。

还没吃过亏，却异常害怕吃亏的人。这类人生性懦弱，为人也谨小慎微，当然，自己本身能力也欠佳，对自己的未来有一定的认知能力，知道自己在不久的将来或许会掉进坑里。他们整天生活在自己吃亏的预感里，却又不知道要怎样去避免这种吃亏的局面，同时也不能面对自己吃亏的事实。

为了给自己惴惴不安的心理找点平衡感，就开始宣扬所谓的"吃亏是福"，先给自己来一个事先的心理铺垫，好让自己真的陷入局面的时候不要太过被动、太过失落。

其实我们每个人都会有类似的经历，只不过不是用在吃亏上，而是用在失败上。比如，我们考试之前，会在心理说，这次肯定是考不过了，能考多少是多少，万一过了就是运气了；比如在追某个姑娘的时候，跟自己说，反正是追不到的，不追追试试将来自己会后悔，万一真追到了呢？

先给自己一个台阶，所以即使真的发生了，自己心理也不至于那么难以接受。

可是这二者，从根本上说，天天把"吃亏是福"挂在嘴边，并不是真的所谓的吃了亏还觉着是福气，只不过是对自己的失败和对让自己吃亏的那个人无能为力的心理暗示罢了。这是一种自我催眠，自我麻醉，以此来缓解自己情绪上的难以接受。

其实能把"阿Q精神"演绎得如此淋漓尽致，倒也不是一件坏事，至少不会让人往极端处想，也不会把人往不好的一方面引。

但是我们讨论的不是"吃亏是福"对这个社会的影响，而是我们作为个人，为了疏导情绪，可以适当用"阿Q精神"来安慰自己，但千万别把这样的认知观念带到自己的生活当中。

我想说的是，吃亏它根本就不是福。

我们可以适当地吃亏，但是不能在同一个人身上吃两次亏，也不能一而再再而三的吃亏。因为吃亏不等于你真的善良，但确实可以看出来你有点儿笨。

有些黑锅你背一次就可以了，那个次次都把你推出去背黑锅的人，真的不值得你去帮他背锅。我说过，如果一个人真的珍惜你们之间的感情，是不忍心拿感情去换生活的。

雷哥之前有个女友，高中时两个人开始谈恋爱，后来被老师发现，女友说是雷哥先追的她，她一开始不答应，雷哥死缠烂打，她被感动了才答应在一起的。

可事实是，雷哥当年篮球打得一绝，球场上帅气潇洒，追他的姑娘一茬一茬的，女朋友就是其中最狂热的一个。

为了感情，雷哥认了，觉得男子汉，就应该有点担当。

雷哥和女友成绩都不错，有次摸底考试，姑娘事先让雷哥帮她抄题，她好对答案，因为她要拿到那年的市三好，听说高考可以加分。结果作弊当场被抓，姑娘又说那答案是雷哥自己扔给她的。

雷哥在面对老师的质问时，又认了。虽然姑娘最终还是遭到了惩罚，没有拿到市三好。

上大学后，姑娘和雷哥还在一起。可是才大一，姑娘就劈腿了。事后，姑娘在朋友中说是雷哥先和别的女生勾搭，她气不过才故意做样子气他的。幸亏朋友中有明白人，并没有相信她的话。

而这次，雷哥也终于不认了，在QQ空间洋洋洒洒地写了三千字，全是他们在一起的点点滴滴。那时候我们才知道，从开始到分手，雷哥为这个姑娘顶包扛雷已经多达十余次，"雷哥"这个称号果然不是浪得虚名。

自此之后，姑娘消失了，时至今日，已经过去十来年，我们一众朋友，貌似再无她的消息。想必，也是没脸出现了吧。

前不久去菜市场卖菜，一个摊位前围满了看热闹的人。

走近了，听人介绍才知道，一个打扮时髦靓丽的姑娘在一个五六十的妇女摊主那里买水果，结果给的分量不足，6斤的苹果只给了她4斤8两。

一开始只是讨价还价，说着说着两个人的情绪都激愤起来，声音越来越大，才引来这么多的围观者。

有人说了，老人家年纪这么大了出来卖点东西赚钱也不容易，姑娘一看也不是什么缺钱的主儿，几块钱的事，就别计较了。

姑娘瞥了一眼说这话的围观群众，冷笑一声说："这还真不是钱的事情！首先，做生意就得讲诚信，这跟年龄、性别没有半毛钱关系，她缺斤少两就是她的不对。明知道自己有错，不但不补齐、不道歉，还趾高气扬，这不是欺负老实人吗！其次，我有没有钱，和她怎样做生意并没有关系，我的钱也不是大风刮来的，有钱人就活该被坑？可是我凭什么要在你这里吃亏？最后，我今天不把事情说清楚，就这么算了，说白了就是在纵容她，以后她会养成惯性，继续坑骗更多的人。"

一番话下来，抑扬顿挫，有理有据，说得围观群众哑口无言。不得不说，有时候，美貌和智慧是真的可以并存的。

我们在生活中，其实有太多类似的例子。有些人嘴里口口声声说着"吃亏是福"，但其实比谁都不能吃亏，也害怕自己吃亏。

而有些人，则养成了懒得计较的习惯，觉得这点小事，这几块钱，自己亏了就亏了吧，反正也影响不到生活。可偏偏在下次，这样的小事还会继续发生，这几块钱还是会继续被坑。

虽然确实可能影响不到自己的生活，但可能会影响自己的心情，最重要的是，你的这些不计较的习惯可能会惯坏一些人。今天是小事让你吃亏，明天说不定这些人胆子一大，让你吃亏的就是大事了；今天亏你几块钱，你无所谓，他明天可能就去做更大胆的事情。

还有一些人，把别人别有用心天天在你耳边吹嘘的"吃亏是福"当成了人生的座右铭，觉得牺牲自己的小利益，尽可能地去帮助别人就是善举。一次两次是情谊，三次四次是礼貌，可是五次六次无数次，那就是愚笨。

我们可以吃点亏，也可以在伤及自身不太严重的情况下尽可能地去帮助别人，但是千万别忘了，吃亏也应该有个度。不是你把自己当圣人，而别人把你当傻子。

:

没有什么比好好爱自己更重要

小伊刚离婚的那段时间，我们在一起吃饭的时候，好几次她在我面前都哭得梨花带雨的。看到她那伤心的样子，我都觉得有些心疼。但是感情的事情，真的不是一两句话能够说得清楚明白。站在外人的角度，我也不知道怎么劝她才好。因为在每一段感情中，好与不好，外人从表面上是看不出端倪的，只有自身才能体会其中的滋味。

从一开始，所有人都觉得小伊是个十足的贤妻良母型的姑娘，谁娶了她，就等于娶到了终身幸福。而大学时候的郑航也算是一表人才，对小伊从来也是温柔有加。两个人站在一起，郎才女貌，十分般配。

那时候，我们所有人，都对他们这对天作之合十分羡慕。可是我始终想不到，才短短两年的时间，他们的婚姻就匆匆破裂，速度快得令我震惊。

小伊是那种特别温顺的姑娘，不爱说话，笑起来的时候让人感觉像冬季凛冽寒风中的太阳，温暖恬静。而郑航是那种性格鲜明，但是又不跋扈的男生。这样的两个人走到一起，按道理来说应该是恰到好处，不至于闹得歇斯底里才对。

从大学开始，小伊对郑航就百依百顺，只要是郑航说的话，我们任何人再去劝她基本上都再也起不了任何作用。所以原本计划大学毕业后继续考研深造的她就因为郑航说，"还是出来工作比较好"，就放弃了多年以来的梦想。

刚迈出大学的门槛，他们就在双方父母的催促下结婚了。开始的时候，两个人过得很愉快，如胶似漆。不久，小伊怀孕了。为了宝宝健康安全地出世，郑航让她暂时辞去了那份还不错的工作，在家里待产。

小伊二话没说就辞去了工作，一心一意在家里做全职太太。

工作性质原因，郑航经常忙得不可开交，甚至经常飞往外地出差，一走短则十来天，长则一个月。但是小伊没有任何怨言，她知道郑航工作压力大，为了他们这个家精疲力竭，所以在家里把各项事情操持得十分得当，连婆婆都对她赞不绝口。

可就在孩子即将降生的时候，有一天半夜小伊因为肚子里的孩子一直在闹腾，睡不踏实，突然听到了郑航的手机响。她想，都这么晚了，难道工作上还有什么事情没处理完？刚想叫醒睡在旁边的郑航，但是又有点于心不忍。他白天上班已经那么累了，这么晚了就不要打扰他了吧！

可是当她刚闭上眼睛的时候，又一条简讯发了过来。

这一次，她拿起手机。看到上面一个陌生号码发来的两条短信："亲爱的，我突然好想你！""明天你过来陪我好不好？"

那一瞬间，小伊突然震惊得不敢相信自己是清醒的。她拍了拍自己的脸，以为自己是在梦中。可是当她明白过来的时候，心底那种极度的难过和绝望像浪潮一般席卷而来。

她彻夜未眠，躲在被子里哭了一晚。

她在想，是不是要原谅他？是不是因为自己怀孕后没有给他足够的关怀和温暖，才使得他一时意乱情迷？是不是因为他工作压力太大，而自己没能好好地陪他，才会发生今天这样的事情？

在一遍又一遍的自我麻醉中，她决定，还是选择原谅他，就当什么事情都没有发生过。因为她确信，这个男人，是自己的老公，肯定还深爱着自己。

虽然十分难过，但第二天，她依旧表现得仿佛什么都没有发生过一样。早上起来给他做好早点，为他准备好上班的衣服，然后叫他起床。

她以为，自己这样任劳任怨地为这个家付出，郑航一定会对自己有所感激，有所愧疚，然后彻底回到她的身边。因为在她的世界里，这个男人就是她的全部，她想象不到，失去他，自己要怎么活！所以她一味地付出，她要让老公觉得自己有一个温馨幸福的家，有一个识大体、贤惠的老婆。

而在之后的日子里，她确实再也没有发现郑航有过什么过分的举动，正常上班下班，在家的时候也像从来没有发生过任何事情一样。和往常的生活一样，没有波澜，没有吵闹，也没有格外的温情。

她以为，日子就这样又回归到从前，他们的感情又回到了大学时代。

不久之后，她生下了一个健康的女孩儿，全家欢庆。她以为自此之后，美满的生活就该开始了，有个温馨的家，有个可爱的宝宝，有个深爱的人，这就是世界上最美妙不过的事情了。于是刚出月子的她，就做各种事情去换取他的欢心。她觉得，自己对他越好，他就会越舍不得离开自己。

而以前发生的那些事情也将变成过眼云烟，成为生命中一段虽然沉重但是不足以致命的小插曲。

可是那些她以为再也不会发生的事情，终究还是发生了。那天下午，郑航打电话告诉她，自己晚上要加班，可能会晚一点回来。

可是她却在商场里看到郑航搂着一个姑娘，笑得张扬而热烈，就如同当年大学时候的他们，一样的表情、一样的神态，只是身边站着的，不再是她，而换成了别的女人。

那一刻，她彻底崩溃了。

郑航回到家的时候，已经将近十二点。他甚至一句话也没说，走到床边，倒头就睡。

小伊那一刻变得格外冷静，她轻轻拍了他一下说："郑航，我想跟你谈谈。"

郑航嘟囔着说："很晚了，我很累，有什么事明天再说吧！"

她说："郑航，你跟她的事，我都知道了，在几个月前我还怀着宝宝的时候就知道了；但是那时候我没说，因为我觉得你会改，我觉得你心里还会想着这个家。但是我没想到，我越是倾尽全力地对你好，你就走得越远；我越是刻意迎合你，你却越不懂得珍惜。"

郑航坐起来，眼神里的不可置信和惊讶一览无余。他说："对不起，小伊，其实我自己也不知道为什么。但是在家里我感觉不到快乐，和她在一起我觉得很开心、很轻松。我是想过放弃她的，但是我真的做不到。我发现，我好像已经爱上她了。"

她两眼含泪，说："是我不够好吗，郑航？从来你说什么我就做什么，你让我放弃考研，我就毅然决然地放弃了；你说我们结婚吧，我一毕业就跟你结婚了；甚至现在连小孩都生下来了。郑航，你觉得你这样，是人吗？"

郑航说："小伊，不是你不够好，而是你太好了。你让我觉得亏欠你太多，但是又不知道怎样去报答你的好，所以你那些无微不至的好，让我有种想要逃离的冲动；我觉得我已经受不了了，我害怕你的那种好，我承受不起。"

"你这是犯贱！郑航！我从来都没有要求你回报什么，我只想有个安稳幸福的家，只想有个爱自己、疼自己的老公。曾经我以为你是，我差点以为这一辈子你都是！可是你毕竟不是！郑航，我当初怎么就瞎了眼呢？"

"郑航，我们离婚吧！"

半年之后，也就是孩子满一周岁之后，他们离婚了。这段短暂的婚姻就此告一段落。

我不知道这么久以来，他们面对彼此时的心情如何，我也不知道小伊在这半年里是以怎样的心态去面对那个男人的。无爱无恨？无牵无挂？可是如果真是这样，为什么在离婚之后，每每想起的时候，还会难过得掉眼泪？

离婚后的小伊，再次踏上了考研的征程。一年之后，她如愿以偿地去了香港。很多次我们聊天的时候，我发现小伊在一点一点地变化着。她再也不是那个整天围绕着郑航的小女生了，再也不是那个躲在郑航身后的小姑娘了，也不是那个不爱说话只爱笑的姑娘了。

她开始在校园里参加各类活动，开始接触不一样的人，开始利用假期做各样的公益活动，然后去往世界各地旅游。每次在朋友圈看到那些她在世界各地拍摄的照片，还有那个暖洋洋的笑容，我心底就有一阵莫名的感动。

她说，当你发现自己的心中不再围绕着一个人转的时候，当你发现原来自己也可以好好疼爱自己的时候，就会突然明白，这个世界上竟然还有那么多美好的事情等待着你去完成，还有那么多美妙的风景等待着你去看，还有那么多善良的人等待着你去温柔相待。

"所以说，在这个世界上，真的没有什么比好好爱自己来得更重要了。以前我不明白，直到彻底失去了郑航之后，我才发现，原来脱离另一个人的世界，活出自己的样子竟然是这么赏心悦目的事情！恺哥，我希望你也明白。"

在那之后的小伊，活成了另外一个人，少了一份恬静，但是多了一份真切；少了一份平和，多了一份娇俏。

在我们的生活中，总是相伴着各样的人。很多时候，因为我们太想抓住一些东西，反而太过用力，以至于迷失了自己。我们总把别人当成自己生命中的神祇，而自己却活成了唯唯诺诺的样子。但有朝一日我们会发现，其实人与人之间不管关系多么浓烈和真挚，总要有自己独立的生活和精神状态。我们只有将自己活成铁骨铮铮的模样，才能让自己身边的那个人感受到彼此身上独特的气息。

我们不能因为爱一个人就委曲求全地将自己过成不想要的模样，而是应该如同爱他一样，好好地爱自己。只有这样子，这段感情才是对等，也是融洽的。我希望所有看文章的人，都能过自己想要的生活，成为自己想成为的样子，这也是对自己最大的爱护和对对方最大的尊重。

没有非你莫属，感情从来都不是生命的全部

在爱情中，多多少少是需要一点对等关系的。如果一方倾尽所有，而另一方却丝毫不让，这样的感情在时日渐深之后，总会因为天平的极度不平衡而轰然倒塌。要么一方中毒太深，泥足深陷；要么因爱生恨，互相伤害，到最后形同陌路。

感情从来都不是"鸡汤"里所说的，"你来了，而我刚好在等你，从此之后就相扶白头，侬偎终老"。感情是在不断的调整和适应当中渐行渐深、渐走渐纯的。

因而我们要清醒地认识到，在这个世界上，不存在所谓的一见钟情之后就非你莫属，非你不可。这个论断从设定之初就是一个巨大的谬论。

就好比我，在很久之前，真的很奋力地喜欢过一个人。那时候，总觉得这辈子就是这个人了，吵架也好，生气也罢，总之在

一起了，就不能辜负了这份情缘。就如同神话故事里，月老一早就把姻缘的红线牢牢地绑在了两个人身上，从此便找到了最终的归宿。

如今想来，当初的执念，幼稚得可笑。

姑娘比我早慧，抽身之时，干净利落，毫不拖泥带水。而我却一度消沉了几年，对感情一直持有恐惧和不信任感，对自己也产生了极度的不自信，生怕出现在自己身边的人，不知不觉间就会离去。我还是个慢热的人，一旦习惯，短期内难以改变。

我从不认为自己这是长情，其实说白了就是难以戒掉长时间以来形成的习惯。

我害怕习惯了走路的时候可以牵着手而最终只能左手握右手，我害怕习惯了吃饭的时候有人可以说笑而最终只能独面空墙，我更害怕习惯了生病的时候有人嘘寒问暖而最终只能独自打针吃药。

我害怕习惯了两个人，而最终却变成一个人独自前行。

可后来，我还是将前尘往事抛诸脑后，还是用一种不一样的姿态活了过来。那时候我就明白，原来在这个世界上，真的不存在所谓的非你莫属，有些习惯，时日久了还是可以慢慢改过来的。

心心念念那个已经走远的他，只是因为还未遇见下一个令自己怦然心动的人而已。一旦这个人出现，那么前面的那个人，就成了人生中已经远去的故事，想起来的时候也会觉得缥缈虚幻，不那么真实。

我一直不能理解新闻里时常爆出的某姑娘因为跟男友分手，而选择了自杀；某姑娘因为感情不顺，直播自残等。当一个人连直面死亡的勇气都有了，为何偏偏还要害怕失去一个人？

就如同今天，我在白城沙滩吹海风。风景很美，人很多。潮声轰鸣，人声鼎沸。海面广阔无垠，天际穷尽千里。

突然海滩上发出一阵惊恐的呼叫声。

顺着人群的指向，我看到远处的海面有一个黑点在逐渐往深水区移动。

仔细一看，才发现原来移动的是一个姑娘，那时候水已经漫过了脖子，即将淹到下巴和嘴唇。

岸上的人在呼喊，可是姑娘依旧置若罔闻，一直往深水区走去。

过了一会儿，可能是岸上的呼声对姑娘起了点作用，她迟疑了一下，退回了一点，但是依旧在犹豫当中，也没有要返回来的意思。所幸的是，岸上的游客轻轻靠近，将她拉了回来。

姑娘不哭不闹，只是不断地流眼泪，脸上毫无血色，所谓的面如死灰也就是这样了吧。

我身旁有一个大概三四岁的小男孩，长得白净可爱。看着姑娘走入水中，一直在急切地喊："上来吧，别下去了，活着最重要！"

那一刻，我真的很感动，一个三四岁的懵懂小孩居然能说出这样的话来。最感动的是，在他的眼中，生命是高于一切的。只要生命还在，其他的什么都还可以再来。

只是可惜了姑娘，真的是差一点就丢了生命。

后来，从她朋友口中得知：姑娘才十九岁，却怀上了男友的孩子。可惜的是，双方父母都反对他们在一起。而今天，姑娘本来是约好了男友来谈这件事情的，最后可能没谈妥，男生负气而走。

姑娘便觉生无可恋，不顾众人拉扯，毅然走向大海。

我一直在想，如果没有游客相救，如果没有她那一刹那的迟疑，那么一个十九岁的生命估计在今天下午就这样突然地落幕，没有任何征兆，没有任何预示，可能连姑娘自己在早上的时候也不会想到这件事就会突然发生在她的身上。

而在往后的时日里，白城的游客依旧人山人海，白城的海滩依旧美丽，白城的夕阳依旧可以将整个沙滩、整个海面衬托得金碧辉煌，白城的浪潮声、海面上轮船发出来的汽笛声、海岸上游人的欢笑声，在往后的每个傍晚时分也都会如约而至。

所有的一切并不会因为今天在这里葬送了一个十九岁的如花生命而稍微改变什么，甚至在明天、后天、大后天，会很少有人想起这件事。

你因为自己的一个举动而丢了自己的整个世界，而这个世界并不会因为少了你而缺少哪怕一丁点儿的颜色。

更残忍的是，那个负不起责任的男友甚至会因为你的意外去世而少了一份负担，在往后的岁月里，他会和另外一个姑娘结婚生子，甚至有一天他会带着全家人旅游至此。而那时候，你已经成为他模糊记忆里可有可无的一部分了。

最终伤害的，除了自己，无非就是最爱自己的家人罢了。

感情从来都不是生命的全部，只是生命的点缀。有了它，生命只是看起来更绚丽、更丰富而已，但它始终都不是生命的养分。

生命当中，除了感情，我们还有太多太多的其他事情，还有我们未来得及实现的梦想，还有很多未看的风景，还有我们的父母亲人，还有一群可以舍命相陪的好友。

更何况，挥别一个错的人，并不代表就丢掉了我们此生所有的爱情。只要你好好活着，努力活出最美好的自己，那个能给予你最完美爱情的人，就一定会在前方的某个时点与你相遇。

就如同今天有个姑娘跟我说，她很喜欢一个人，可是那个人告诉她，他喜欢她可是不爱她，但是希望她可以做他最好的朋友。姑娘想离开，可是又觉得很难过，很舍不得。

我跟姑娘说，这些话都是唬人的，只是这个男生为了养一个备胎而编造出来的最无耻的说辞罢了。既然不爱，为何谈喜欢？既然不爱，为什么还要暧昧？既然不爱，为什么还要给点希望又转眼和别的姑娘出双入对？

任何一个有担当的男人，要么光明磊落、坦坦荡荡地爱下去，要么明明白白地说清楚，说什么喜欢但是不爱的统统都是耍流氓。

所有的藕断丝连、暧昧成瘾都是典型渣男不想负责任的统一表现。

因为当有一天，他要离开你的时候，会告诉你："当初就跟你说了，我是喜欢你，但是我不爱你，所以不好意思，我要去找我的真爱了。"

你难过吗？

难过。

值得吗？

不值。

既然这样，何不在他伤害你之前，潇洒地转身离开？

特别喜欢你，可是，我更要懂得自尊

"很久很久之前，我特别害怕一个人，害怕一个人走夜路，害怕一个人吃饭，害怕一个人看电影，害怕一个人旅行。我一直以为，我是害怕孤单。但是到后来，才发现，原来我是害怕失去你。"

"可是过了那么久，当我尝试着一个人去完成这些事情的时候，其实也并没有那么难过。"

这是我看到蕾小姐在她朋友圈中发的消息。

而配图的背景是碧波荡漾的纳木错，蕾小姐把自己塞在大衣里，带着雪白的帽子，大大的太阳镜将她精致的脸衬托得格外小。

我看不到她眼中的神情，但是她嘴角轻轻上扬，笑得格外美好。

纳木错曾经是她和成先生的相识之地，也是定情之地。

回到长沙以后，两个人经常在我面前说着他们相遇的场景，并约好了，等结婚的时候，一定要再次去一趟纳木错。

我一直笃信他们两个人终有一天会走进婚姻的殿堂，执子之手，与子偕老。

因为蕾小姐贤惠漂亮，对成先生一往情深，而成先生沉稳大气，对蕾小姐百依百顺。

这样的模范情侣，曾经在我们一票朋友中间，撒了一遍又一遍的狗粮。可令我没想到的是，仅仅半年的时间，他们就宣布分道扬镳。

蕾小姐尝试着找过成先生很多次，用尽了各种方法，试图挽回这段已经夭折的感情。

但是成先生一直不为所动，甚至有一次蕾小姐大冬天冒着风雪站在他家直到半夜不肯离开，成先生无奈之下选择了报警。

蕾小姐满面泪光，在警察的劝说之下才选择离开。

作为朋友，我曾经劝过蕾小姐很多次，感情的事情从来都勉强不得，有人离开，自然就有人走进来。既然分手了，那就趁早抽离，不然恶心的是自己，优雅的是别人，拖泥带水从来都不是处理感情明智的方法。

蕾小姐说，从一开始，她就觉得，这一辈子非他莫属了。直到他说分手的那一刻，自己始终不能相信前一天还对自己温柔似水的男人，转瞬间就冷酷如冰。即使分开那么久了，她都一直觉得，只要自己还继续坚持，那么终有一天，他会再次回头。

情深至此，我自知，再劝也是徒劳。

直到今年七月，成先生宣布结婚。蕾小姐才开始醒悟过来，那些曾经一起做过的事情，她都选择独自一人去重新做一遍，用以纪念那段属于两个人的美好时光。

那条公园的小路，那个电影院的七排七座，那家甜品店的芒果西米露，那家火锅店的鸳鸯锅，那个很少有人去的小镇，以及曾经一起去过的旅游景点，还有纳木错。

从一开始的一边流泪一边看电影，一边流泪一边吃火锅，到后面逐渐变得平淡，最后可以微笑着站在纳木错看着镜头自拍。

我问她："放下了吗？"

她说："我曾经真的很喜欢他，可是恺爷，你说，我还得有点自尊吧？"

很久之前，曾经很喜欢一个人。

只要她站在我面前抿嘴一笑，我就能开心一整天。

跟她站在一起，平时妙语连珠的我，一张嘴就会莫名地结巴起来。

我想，无论自己变成多么优秀的人，站在一个自己喜欢的人面前，总是会自卑到尘埃里。

很长一段时间，我都跟她保持着若即若离的关系。因为生怕频繁了一点，她就会看穿我的心事，也怕她嫌我烦，最后连起码的朋友都做不成。

那种小心翼翼的心绪既难受也格外美好。

她不经意的一句话，会让我猜很久；她礼貌性的微笑，会让我觉得那天的天气格外晴朗；而她随意的一声问候，更会让我觉得整个冬天都温暖起来。

当年的那段岁月，只因为身边有这么一个人，我的四季就随着她的情绪而流转不定。

偶尔是开心的，偶尔是难过的，偶尔是孤单的，偶尔是惆怅的，偶尔是兴奋的，偶尔是自卑的。

可能真的是脾性扛不住感情的宣泄，我最终还是把那些话在短信里说了出来。

如我所料，果然是一场暗无天日的单相思。

在此后的日子里，我尽量压制着自己的情感。但我还是忍不住偷偷跑去她的学校，坐在她宿舍楼下的草坪上，一坐就是一下午，直到整个城市灯火通明，才不舍地离开。那时候，如果幸运，偶尔会看见她和同学一起经过，然后开心一整晚。

我会在想念的时候，一遍又一遍地拨打她的电话，在铃声响起之前立即挂断，生怕惊扰到她。

当有朋友、同学来的时候，我们会一起去学校看她，以朋友的名义，一玩就是一整个晚上，但我会极力克制自己不要去留意她。可是往往，一整晚，眼睛看向她后就再也不会转向他处。

如此这般，四年转瞬即过。

毕业之后，我们分别去了不同的城市。

后来，我听到了她的消息，和一个还不错的男生谈恋爱了。

那时候，我坐在厦门的海边，海潮声拍打着海岸，声音很大，海风咸湿，夜色美得醉人，海沿岸的灯火在风中摇曳不定，辉煌而孤寂。

那一刻，我突然就释怀了。

原来那么久的感情，在岁月的打磨之中，已经逐渐消弭。我一直以为自己能够一如既往地保持着当初的热忱，能够念念不忘地把她留在心底最深处。

可是我高估了我自己。

当听说她已经找到了自己的幸福时，我竟然没有一点点的难过，甚至连一点失落都没有。

对啊，在那段美好得无以复加的青葱岁月里，我曾经那么喜欢一个人，不计付出，不计回报，甚至连普通的拥抱都不奢求一个。可是，再怎么喜欢一个人，如果注定无缘无分，又怎么能一直死缠烂打下去呢？

在感情里，我们百炼成钢，我们久病成医。

我们都曾轰轰烈烈地喜欢过一个人，都曾不计回报地倾力付出。可是这个人，已经在我们的青葱岁月里打马而过，有的留下烙印，有的留下伤痛，还有的一点痕迹都不留就匆匆走过。

可是，不管有多喜欢，他们都已经消逝在了曾经的旧时光中。翻一页，又是一段崭新的故事；下一站，又是崭新的人。

所有的相遇都是猝不及防，而所有的离别都是蓄谋已久。没有结局的故事太多太多，而那些没有留下来的人，早就注定要走。

哪怕心里很在意，也要学会做出一副满不在乎的样子。因为只有这样，在面对分离的时候，才会很酷地转身。

你不要哭着上前去索要一个拥抱，也不要尝试着去说"我会想你"，更不可以问："你可不可以留下来？"

因为这些，都将是徒劳无功。

你已经不顾一切地喜欢他那么久，接下来的时光里，你一定要学会好好爱自己。

第二章

莫让你的善良，变成别人眼中的软弱

你的善良，在别人眼中只不过是软弱

有一种人，生来就特别怕得罪人。

在他们的为人处事原则里，宁肯自己受点委屈，吃点亏，也不愿意和别人撕破脸皮。因为一旦这样，会让他们觉得很难堪。他们会觉得，自己这样做是不是太过分了？

他们很在意别人的眼光，生怕有人说他们心胸不够宽广，为人不好相处。

没错！在他们的潜意识里，就是要把自己树立成一个好好先生或者好好小姐的模样。他们想尽一切办法去搞好自己和周边人的关系，想尽一切办法去得到所有人的认可。

有人借钱，哪怕这个人只见过一面，甚至连起码的朋友都算不上，他们也会满口答应。事后即使遇到别人赖账，碍于面子，也不会再去催要，只会在心里默默地安慰自己：不就几百块钱

吗，对生活也起不了多大的影响，几百块钱就看清了一个人，也是值得的。

可是你想过没有，你认不认清这个人，对你以后的生活根本没有任何用处。因为从那次借钱的短暂交流之后，估计你们这辈子可能都再也没什么交集了。人品低劣也好，高风亮节也罢，从此之后，与你何干？

还有些人总爱耍点小聪明，这里占你一点小便宜，那里捞你一点小好处，把人的猥琐和油滑上演得淋漓尽致。对于这些人，那些所谓的善良的人也从不介意。他们只会在心里默默地跟自己说，他们只是有点爱贪小便宜的坏毛病罢了，人品是没有大问题的。

但实际上，他们绝不只是有占点小便宜的小毛病，他们只占小便宜那是因为他们只有占到小便宜的能力，如果他能从你这里占到大便宜，你可以试试看，他们到底占不占。一个人人品的好坏，往往是从小事情就能看出来的。连小便宜都不放过的人，你觉得在面对巨大诱惑的时候，他们能正直得如同坐怀不乱的柳下惠？

还有的人，可能习惯了你的善良，觉得你什么都不在乎、什么都不计较，就一步步得寸进尺。反正你又不会生气，反正你是大家口中善良的、乐于助人的人！

大学时代，我们会经常遇见这样的室友，窝在寝室里玩游戏或者刷剧足不出户，往往一个星期也不见他离开自己床位三米远，袜子内衣堆了一脸盆，床单泛黄枕头结成板，脸上和头上的油加起来可以做一桌子的饭菜。一开始，他可能只是偶尔让你帮他上课喊个到，吃饭带个饭。可时间久了，发现所有人都不愿意帮他，只有你最好说话，于是就次次找你。你很善良，觉得都是举手之劳，也怕同一个宿舍闹得不愉快，大家一起尴尬，虽然很为难，但还是默默地为他当了三四年的免费保姆。

可是，你想过没有，他都好意思这么厚着脸皮一直麻烦你了，你还不好意思说声"No"？何况，这样的室友，出了社会，估计又会变成那种开口闭口就是借钱，借到钱后就立马消失不见的人，根本谈不上什么互相帮衬。对于这样的人，你还怜惜你们之间那点所谓的室友情？

工作之后，你也会遇到这样的同事，一开始是不懂的事情麻烦你、请教你。逐渐熟络之后，发现你善良，他就开始不客气了，只要看你闲着，他手头的工作就立马交给你；或者即使你不闲着，他也会指挥你，"这个文件麻烦帮我复印一下""那个快递记得帮我寄一下""这个表格帮我做一下""那个图片帮我处理一下"，还美其名曰"能者多劳""做得多学得多"……而他坐在一旁像个大爷（太太）似的，要么看新闻，要么看小说，要么刷淘宝，有时还看个小视频，甚至还时不时地爆发出一阵响彻办公室的高昂笑声。

要真如他所说的什么"能者多劳""做得多学得多"，他怎么不把你手头的工作接过去一并做了呢？说得那么好听，并不是他真觉得你是傻瓜，而是他知道，说得好听一点，你就不会拒绝。

这里我要郑重地跟那些还没有毕业或者刚毕业的大学生说一句：千万别相信那些前辈们说的什么做得越多上升越快。上升得快的人只有两种，一种是能力超强、嘴巴会说的，还有一种是能力一般、嘴巴超会说的。而那些埋头苦干的人，可能真的就只能埋头苦干下去。这不是什么职场负能量，而是一种职场生态技巧。换位思考，作为领导，你也希望将真正能做事的放在要做事的岗位；而管理者，或许不能做事，但是一定是那种能激励人的人。

此外，还有你的亲戚朋友们，如果你是一个看起来善良的人，这些人确实更愿意跟你打交道，因为和你交往，他们不需要付出任何成本。他们懂得，这个成本你一直在负担，你宁愿自己吃些亏，宁愿自己受点委屈、受点冤枉，也要维系这层亲戚朋友的关系。所以，他们今天借你的车用，明天借你的钱用，后天又让你托关系办个事……麻烦你的时候，是那么的理所应当，不以为然。

这些事情，原本作为亲戚或者朋友，不值一提，也无须计较。怕就怕有一就有二，有二就有无数次。当然最怕的是，哪天你一有事情耽搁了，或者不得不拒绝的时候，他们反而逢人就说，你这人真差劲，要你帮个小忙都不乐意；还有些人，他们明明在享受着你的善意，却还在背后咬舌根，讽刺你这人真傻。

千万别讶异，也千万别觉得我夸大其词，仔细观察一下，你就会发现其实这样的人不在少数。即使你掏心掏肺，披肝沥胆，他们也不领情。

记得曾经有人说过一句话：你的善良，必须有点锋芒。

我们生而为人，和万物最大的区别，就是在眼耳鼻舌身之外，多了意和法，而这个意和法就决定了我们做人的品性。

我一直奉信，要做一个善良的人、正直的人，但更要做一个知道进退的人。善良从来都不应该是禁锢好人的枷锁，也从来都不应该是纵容坏人的包袱。

我们要与人为善，但也一定要有自己的原则，让自己足够强大，强大到没有人觉得你是那个好捏的柿子。我们要相信温暖、相信阳光，但千万别忘了，这个世界上还有流氓，还有无赖，还有抢劫犯和杀人犯，而在阳光照射不到的地方，还有我们未知的黑暗。

我们太多人，活在这个世上，身上背负了太多的眼光，也太在意周围世俗的看法，错把自己的善良，变成了别人眼中的软弱、懦弱甚至是怯懦。为此束缚住了手脚，不敢高喊，不敢大笑，不敢大哭，也不敢肆无忌惮地喜怒哀乐，甚至不敢表露自己的真实想法。

可是你一定要相信，真正善良的人，虽然有点刚硬的脾性，虽然有点不近人情的原则，虽然在有些不了解自己的人眼中看起来有些冷血，但是总有一天会有人说，他其实是一个好人，是一个善良的人，他心肠很软，只是刀子嘴而已。

而戏谑的是，那种做事唯唯诺诺，事事有求必应的人，在时过境迁之后，当别人再聊起他来时，除了一脸的不屑还会有一种近似看傻子的表情，甚至会有一句不痛不痒的评价："他呀，只不过是一个没有主见的软蛋。"

⋮

告别软弱的自己，即使是单枪匹马孤独前行

叔本华曾说："我们在早年主要是通过诗歌、小说，而不是通过现实来认识生活。我们处于旭日初升的青春年华，诗歌、小说所描绘的影像，在我们的眼前闪烁；我们备受渴望的折磨，巴不得看到那些景象成为现实，迫不及待地要去抓住彩虹。年轻人期望他们的一生能像一部趣味盎然的小说。他们的失望也就由此而来。"

站在二十几岁这个尴尬的路口，我们一无所有，既不能推翻过去重来，又不可以飞到未来将自己变成理想的角色。

所以我们迷茫，我们焦虑，我们患得患失，我们怀念过往，但是又畏惧未来。我们脱离了身在象牙塔的稚嫩，身上的盔甲却不足以抵挡现实的鞭挞。

曾经听很多人向我抱怨生活的艰难，抱怨原来所谓的社会和

在校园里憧憬的模样相去甚远，抱怨上班辛苦，抱怨人心叵测，抱怨离家太远，抱怨薪水微薄，抱怨物价飞涨，抱怨生命诡谲，抱怨人世复杂。

其实我又何尝不是。我也会在华灯初上的城市里，卑微地蜷缩在自己的小天地中；我也会在高昂的房价面前，低下骄傲的头；我也会想念童年的无忧无虑；我也会怀念母亲做的那一桌好菜；我也会在受了委屈、受到打击的时候，一个人坐在暗哑的墙角悄悄地难过。

可是对于生活而言，这些困苦，只是我们生命长河里轻微的一部分。

岁月那么漫长，我们只不过是刚刚蹒跚行走，而真正的生活，还在后面虎视眈眈。

如果没有一腔孤勇走下去的勇气，又哪来底气去面对接下来漫长而又繁复的修行？

记得之前看到过一个话题，有人问："二十几岁，是不是最艰难的年岁？"

有人说："本人女，28岁，硕士毕业四年，刚遭遇在一起七年的丈夫孕期出轨，离婚，自己带着个不到一岁的女儿生活。曾经的小女人，现在要扛起两个人的人生。艰难得无法想象。但这肯定不是我最艰难的时候。以后面对的困难我自己也没有办法想象，也不想去想太多，该做的事情要做，该尽的责任要尽，既然生了就要认真地去养。要快乐，珍惜亲人，享受生活。遇到合适的男人还要嫁，不要怕。庆幸自己还能去折腾，去扛起来，还有人值得我去爱。"

也有人说："最艰难的时刻，是你在人生走完大半后，才发现自己内心的挣扎，才跌落到艰辛的生活中，遭遇人生的重大变故和失败打击。因为，那个时候，你的希望、你的可能、你的变数，已然不多了。"

还有人说："最艰难的时刻应该是放弃自己、放弃希望的那一刻，可能会发生在人生的任何一个时刻，而不仅仅是二十多岁时。如果你没有放弃，那么最艰难的时刻就不会到来。听起来有点像鸡汤文，但经历过种种事情之后，很多都会看淡，没想象中的那么恐怖。"

我从来都不是一个悲观主义者，对于生活的艰难，对于那些蛰伏在这个年岁里的一些磨难，我始终都坚信，它们只不过是你前进路上的垫脚石而已。

每当你迈过一个坎儿，越过一个阻碍，克服一个苦难，你都会变得更加优秀一些，更加强大一些。而当你再次遇到这些困难的时候，它们已经不足以阻挠你前进的步伐。

许多年以后，当你越过层层阻碍回首过往时，你会看到自己的身后还有千千万万跟你当年一样，茕茕孑立向上攀登的人。而你，已经抛下很多人很远，变成了他们心目中前行的标榜。

认识一个旅行者，三十岁上下的年纪。

他看起来略显沧桑，但是神情笃定，目光坚毅，像极了电影中那些不可一世的硬汉。

他已经走过了27个国家，看过了无数的风景，结识了很多有趣的人。很多人，到现在，依旧是玩命一样的交情。

他精通四国语言，也画得一手好画，弹得一手好吉他，拍起照来绝不输任何所谓的摄影师。

我曾经很好奇，像他如此优秀的人，到底经历了怎样的人生，斩获了多高的学位。

可是他跟我说，他出生在广西一个偏僻的小山村，那个山村，直到现在，离能通轿车的马路都有一个小时的脚程。

他初中毕业后开始学裁缝，学了一年，然后自己跑到县城里报了一个服装设计班，也是从那时候起，他爱上了画画，于是一边学习设计，一边自学美术。

后来机缘巧合，他认识了一个在酒吧驻场的乐队，爱上了里面一个染着绿色头发的女DJ。为了追到她，他苦练吉他，不久之后，乐队主唱单飞，他便成为他们乐队的主唱。

半年之后，女友意外车祸辞世。他跟几个朋友合计，开了一间"七度酒吧"。酒吧一开始生意很好，好到他们无心唱歌，醉生梦死。两年之后，一个朋友酒驾撞人赔了三十万，酒吧也因为经营不善倒闭。

那时候的他，没有陪伴，没有亲人，没有钱，也没有了未来。

走在空荡无人的街上，有一晚下着瓢泼大雨，他跪在街上埋头痛哭。一个穿着碎花裙子的姑娘，打着雨伞从他身边路过，递给了他一套雨衣。

她说："即使生活再艰难，你也没有理由放弃自己。"

第二天太阳重新升起的时候，他也重新复活。他努力找工作，努力生活，对每个人报以微笑，对所有弱者怀着怜悯之心。

三年之后，他的酒吧回来了，他的酒楼开业了，他的管理公司也成立了。那一年，他26岁。

这三年里，他经历了比任何一个二十几岁的人十年还多的故事。他曾被人骗得倾家荡产，曾被人逼进一个小胡同里打得头破血流，也曾被自己喜欢的姑娘劈腿，他甚至因为生病差点就死在救护车上。

可是无论多么艰难，他都咬着牙，挺过来了。

公司走上正轨之后，他把它交给一个有过命交情的兄弟打理，只身一人前往美国深造。

这一走，就是六年。他在不同的国家有时候待一两年，有时候待半年或几天，直到想看新的世界了，就换另一个地方。

我问他："这么些年，你有没有觉得孤单、艰难过？"

他说："我时时刻刻都觉得孤单，但是我从未觉得艰难，因为从我重生的那一刻开始我就明白，这个世界上，没有谁是注定一帆风顺的，特别是我们这些一无所有的孩子，谁不是单枪匹马孤独前行？"

和他已有许久未见，有时候想起他的那副坚毅的神情，还有眼中专注的目光，我总觉得，有时候，生命就是在这样蓬勃而又倔强的状态中，才会冒出汩汩的鲜活之气。

我们总是抱怨这个世间有太多加诸自身的不公平，总是抱怨处在这个青黄不接的年纪有太多的力不从心。

可是我们从未想过，生活就像一个欺软怕硬的人，当你努力一分，强硬一分，它就退让一分，温柔一分。

当你不断退缩，不断抱怨，它就不断地得寸进尺。

正如那个旅者所说，区区二十几岁的年纪，又有谁不是单枪匹马孤独前行的？

相信倾力拼搏的我们，总会有一个属于自己的绚烂未来。

· · ·

愿你的善良，成为你的盔甲而不是软肋

　　我有一个异性朋友优优，长相甜美，性格温婉，是看一眼就能记住的那种很惹眼的姑娘。

　　听很多人说过，长得好看而且爱笑的姑娘，运气一定不会太差。而我这个朋友优优，就是那种又好看又爱笑还特别招人喜欢的姑娘，无论是男生还是女生，只要和她相处，总会被她身上那种柔顺的气质吸引。

　　都说同性相斥，异性相吸。但优优，从来都是朋友口中最受欢迎的姑娘，即使是女孩子，也特别愿意跟她玩在一块儿，哪怕只是暂时做优优的陪衬，还是会各种夸赞优优的好。

　　不止一个朋友说过，如果自己再优秀点儿，绝对会不顾一切地去追求这个姑娘。只可惜，很多人站在她面前，多多少少有些莫名的自卑感。

就连我也是。

优优跟我同年，像她这样招人喜欢的姑娘，虽然身边总是不乏追求者，但直到今天，她还是单身一人。

一开始，我们都以为，可能就是因为太招人喜欢，就是因为各方面都显得出类拔萃，所以在择偶方面就更加慎重，要求更高更具体。像我们这些凡夫俗子，都不能入她法眼吧。

我们总是这样，一旦遇到一个比较出众的单身青年，总会在脑中一厢情愿地自我补脑：是对方眼界太高，是对方太过骄傲，甚至是对方性取向不明朗，等等。

我们很少去探求事情的原委，而是以先入为主的思想判定一件事的性质。

一次朋友过生日，优优喝了点酒，因为顺路，我送她回家。在车上，优优吐了两次，眼泪、鼻涕流得满衣服都是。我一度惊讶，像优优这样平常娴静克制的姑娘，今天怎么会变得如此反常？

走了一半的时候，优优擦掉眼泪，慵懒地坐在旁边，她叫我，和往常一样，声音轻柔，但是有点颤抖。可能是胃里太难受的原因吧，我想。

她说："何兄啊（优优一直这么叫我，感觉有点侠气的样子）！真羡慕你，活得自由自在的，有个漂亮可爱的女朋友，还有和蔼善良的父母，可以自由自在地谈恋爱，可以自由自在地过自己想要的生活。"

其实优优不知道，我们生活在这个世间，有几个人真的敢说自己活得自由自在呢？谁不在为明天而烦忧？谁没有几次想要放弃一切的想法？谁又没有几次想要跟领导拍桌子辞职的冲动？

我们都是生活的奴隶，今天所有的努力只不过是为了摆脱它的掌控，成为和它一样的平权者，一同来掌管自己剩下来的生命。只不过有些人早早成功，扼住了命运的咽喉；而有些人还在苦苦挣扎，期望有朝一日能够摆脱它的桎梏。

可是我不明白的是，像优优这样被生活优待的姑娘，怎么会突然变得如此沮丧，甚至羡慕起我的生活？

那一刻，我突然意识到，每一个看起来光鲜靓丽的生活，其实背后多多少少都隐藏着不同层次的悲哀和困扰。只不过有些人天生乐观，即使遭遇生活的磨难，也能微笑着过好每一天。而这样的人，就成为我们所有人眼中羡慕的对象。

看她那么难受，我停下车，和她坐在广场的台阶上。那天晚上，她的话格外多，说了很多我们所不知道的她生活中的烦扰。

优优家境不好，虽然现在的她做着年薪二十万上下的工作，跟所有女强人一样，在这座城市里活得还算不那么难堪。但其实，她说，她就是电视剧里的"樊胜美"，不同的是，她家里有个游手好闲整天无所事事的弟弟，有一个滥赌如命的父亲，还有一个重男轻女到骨子里的母亲。

她每年的薪水，除去自己的生活开支，悉数寄回家给她那一周打电话要一次钱的母亲。

她苦笑着说："我大学的学费、生活费，每一分每一毫都是自己辛苦挣来的，我曾经以为，只要我离开这个家，远离那个被封建思想茶毒的村子，就能逃离以前的生活。可是每次母亲哭着打电话求我的时候，我就觉得自己是怎样都狠不下心拒绝的。他们再不济，也是我在这个世界上唯一的亲人。"

她说，自己一年的薪水，有十几万被父亲和弟弟给挥霍了。在这座城市，她每天朝九晚五，遇到工作忙的时候，加班到凌晨一两点也是常事。可是，相比之下，更让她感到崩溃的，还是母亲每周固定的催钱电话。

我曾经以为，电视就是电视，只不过是幻想出来的艺术，可我不知道，原来现实生活中真的会存在这样的亲人。艺术来源于生活，却没有半点高于生活，而是很多人的真实写照。

她说："我也想有一份温暖的感情，我也需要一个依靠。可是一想到我这样的家庭，我就深深地自卑，我害怕接近我的人都会被吓跑，也害怕他们会用一种异样的眼神看我。他们是我父母，我有责任养着他们，可是来到我身边的那个他呢？他凭什么要跟我受同样的折磨？人家一片真情，我怎么能将这样的家庭背景展现给他？我又怎么能连累他？"

她说："我也曾狠着心不给他们钱，可是有一次，我妈哭着打电话说，我爸因为欠赌债被人打断了腿，我弟弟为了报复，砍了人家三刀，差点出人命。人家找上门来恶狠狠地说，不给钱就要把他送进去。你说遇到这样的情况，我能怎样？难道真的对我爸断了的腿不管不顾，难道真的让我弟弟去坐牢？"

看到一向温暖柔顺的优优，那一刻表情难过得像是破碎的镜子，我有点不忍心，可是又不知道该如何去安慰她。我只是不愿相信，这么好的一个姑娘，本应该集万千宠爱于一身的，却要背负这么厚重的生活和所谓血浓于水的亲情，真的是命运作祟、造化弄人。

作为好朋友，我真的很不愿意看到别人的辛酸。虽然优优一向和善大气，但是很少吐露心事，那天晚上跟我说了那么多，也许只是喝了不少的酒，又或许是真的被压得喘不过气来才不得不找了我这么一个倾诉的对象。

作为朋友，我真心希望自己能够缓解她所承受的这些苦楚的万一。

我跟她说："优优，你是我们大家一致公认的女神啊。你应该有一份美妙幸福的爱情，有一个温馨的家，更应该有绚烂的生活。其实我们大家都知道你善良又仗义，大气又有责任心。但是善良，真的只能用在懂得感恩的人身上。如果一个人，不懂感恩，只会予取予求，那么即使他们是亲人，你也应该割离开来。这么多年，你做得已经够多了，也付出了不少。你现在应该有自己的生活，有自己的幸福了。"

我们每个人，都希望自己成为一个善良美好的人，但善良应当成为我们抵御伤害的盔甲，而不应该成为拖累我们的软肋。

也许真的是被那个支离破碎的家庭压得喘不过气，也许是大醉一场后猛然惊醒，也许是我那晚的话也起了一点作用，后来听优优说，从那天晚上之后，她断掉了对家里的经济援助，每月固定汇给他们2000块生活费，之后无论母亲怎么哭诉、父亲怎么咒骂，她都一律不管不顾。

去年回家，发现那个被她"冷落"的家，突然有了些人情味。父亲因为没钱，没有倚仗，不再出去滥赌，只是偶尔打打小牌；弟弟找了个修车的活，虽然依旧有些混，但和以往比起来还是有了不小的长进；而母亲，有天晚上走到她的房里，泪如雨下，忏悔说她一直知道是他们拖累了女儿。她好像一夜之间被礼遇了很多，仿佛一下子成了他们的主心骨。

其实人都是这样，一旦有了倚仗，就变得有恃无恐，一旦享受了不需要回报的付出，就变得肆无忌惮。当有一天，这些都荡然无存，便会回想起之前的种种好意，然后幡然醒悟。

　　善良从来都是用于值得付出的人的，这样的善良，往往会获得对方更大的善意。善良不应该成为一个人前行路上的包袱和桎梏，也不应该成为一个人去争取美好生活的软肋；它应该是我们变得更加阳光、变得更加和善、变得更加优秀的盔甲。

　　我很庆幸，那晚的优优能够大醉一场，把压在心上那么多年的负担一股脑儿地袒露在人前，这样她才有了去抗争的勇气；我也很庆幸，能在那个晚上对她说了那样一番话，而不是怂恿她继续为了所谓的"孝道"去牺牲自己的未来和幸福。虽然对她的家人而言，那短短的几个月甚至一年半载的时间有些残忍，但从长远来说，其实也算是一种救赎。

　　我更庆幸，那晚之后，优优彻底变成了一个阳光率性、和善爱笑的美好姑娘。

我都对你那么好，你为什么还要出轨

无论在生活中，还是在电影里，我们都看过太多类似的场景。

很多情侣当中，总是有一方倾尽所有地对待另一方。有时候，那种好、那种迁就、那种妥协，不单单是一句爱情就能概括得了的。

可是往往到了最后，那个一直享受着对方无限好意的人，在把那个傻瓜伤得体无完肤之后，潇洒地走掉了。

走之前，他们往往会说："我知道你很爱我，可是你的爱让我窒息。"

他们或许也会说："跟你在一起太平淡了，太安逸了，我想要过不一样的生活。"

他们甚至直接说："我已经不爱你了，我需要的是激情，是新鲜感，而你都给不了我。"

把出轨、劈腿变心的锅甩得如此冠冕堂皇，真是让人无话可说。

哪有什么所谓的窒息？只不过是对方对你太好，而自己没有对等付出的内心愧疚感而已。

哪有什么所谓的激情和新鲜？只不过是把对方的好当成了日常生活中习以为常的一部分，缺少了征服的快感，缺少了肾上腺素的分泌。

难道换一个人，就不会柴米油盐酱醋茶？难道换一个人就能躲避生活的平淡、岁月的侵蚀？

从一开始爱得轰轰烈烈，到最后潦草收场，只是因为不爱了，这原本就是一个悖论。

因为感情，确实是因为爱才在一起的，因为合适和舒服才能继续顺延。时间跨度越长，两个人之间产生的荷尔蒙就会越少，也就是我们所说的爱情在逐渐流失。我们大多数人，走得越久，就越没有字面意义上的"爱情"。

可是我们的父母，我们的爷爷奶奶辈，绝大部分都在这索然无味的生活中彼此相依相靠走过了几十年的风雨。他们之间早就没有荷尔蒙的喷发了，也没有所谓的心动和激情。但他们没有潦草结局，没有因为"不爱"而分开。

只不过是因为，他们之间，多了责任和牵绊。

那些因为另一个人的出现而消失了往日激情，转而却说"我们之间根本不是爱情"的人，对另一半的感情很脆弱，因为缺少责任感，也缺少彼此之间的牵挂。

因为自始至终都是一个人在倾力付出，而另一个人一直在安然享受着对方的好。没有互相的付出，没有同甘苦共患难的积累，又怎么会有所谓的责任和牵绊呢？

我从来不看好乞求来的爱情，也从来不鼓励一个人为了获取另一个人的心而死缠烂打。不对等的感情从来都不会长久。他是高高在上的神，你是低到尘埃里的泥土。你们之间，怎么可能会有未来呢？

你无限自卑，他优越感爆棚；你甘愿付出，他有恃无恐；你患得患失，他心猿意马……

最终，你会累，会因为关系不对等而有怨气；他会厌烦，会因为关系不对等而自以为是。

所以，到最后，你们终究还是会分开。

就像我一直认为的那样，感情从来都是势均力敌，棋逢对手的。

我认识一个姑娘，长相普通，但是性格十分好，和她在一起，会让人觉得很舒服。因为你从来都不用主动想什么话题，她总会有各种各样的话题跟你聊，而且你也不会觉得烦；平常大家聚会，所有的事情，她都会安排得妥妥当当；就算是一群不熟悉的人聚在一起，只要有她在，总不会冷场。

用现在很流行的话说，就是情商真的超级高。

身边的朋友都喜欢和她待在一块儿，因为轻松，因为随意，就好像是一个相处久了的家人一样，什么都不用顾忌，也什么都不用操心。

在一次朋友聚会中，姑娘认识了一个酒吧驻唱歌手A先生。A先生算不上英俊潇洒，相反，二十几岁的年纪，脸上的沧桑一览无余，像是年纪轻轻就经历了百态人生。

那天，A先生站在台上，唱了一首《成都》，声音沙哑，沧桑绵长，姑娘一下子就被迷住了。她说，那是她这辈子听过最有感情张力的一首歌。A先生站在台上，整个人都变得熠熠发光。

姑娘真的陷进去了，从那以后，开始疯狂地追求A先生。

去年平安夜晚上，他们在一起了。

听到这个消息的时候，我挺替她开心的，毕竟她那么用心那么努力，终于得到了应有的回应。

A先生性格温吞、不急不躁，和人打交道的时候也很和善，一点都不像那种传说中混迹夜场的驻唱歌手。

刚开始在一起的时候，姑娘几乎每天都在朋友圈发他们生活中的点点滴滴，幸福感一览无余。今天和A先生去哪里逛了，今天和A先生做什么好吃的了，今天又听A先生讲了一个什么样的笑话，看到A先生上班回来那么晚心疼了……

而在这些状态的下面，都是我们一群朋友祝福、调侃的声音。

大家都在说，姑娘终于找到真爱了，姑娘要抛弃我们这一群好朋友了，姑娘天天虐狗不犯法吗……

我也以为，像A先生这样性格的男生，一定会给姑娘一个稳妥的感情，一定会给她一份让大家都十分羡慕的安全感。

姑娘很珍惜和A先生在一起的时光，很珍惜他们的点点滴滴。

对A先生，她是真的爱到骨子里头去了。

我清楚地记得，年初的时候，突然有一天晚上接到姑娘的电话，她在电话那头，哭得上气不接下气。断断续续地说，A先生肚子疼，疼得在地上打滚，疼得冷汗直流，她打了急救电话，可是还是不知道怎么办，很害怕很害怕……

我离她家不远，急急忙忙地赶过去，帮她一起将A先生送到了医院。去医院的路上，她的眼泪一直没停过，豆大的泪水啪嗒啪嗒地往下掉。我越安慰，她哭得越凶。

好在没什么大事，急性阑尾炎。那天晚上，她守在医院，一整夜都没合眼。她一直说，她真的很害怕，怕他突然就离开了自己，就好像自己突然掉进了一个无边黑暗的世界里，没有光，没有声音，没有一丝生气。

姑娘爱A先生，我们众所周知。但那种深入骨髓的爱，可能真的很少有情侣能够企及。

我一直以为，像他们这样的感情，一定能够青春无敌，白头偕老；一定能够天遂人愿，天荒地老。

可是，我错了。

今年十一，姑娘约我出去喝茶。

那天她素面朝天，脸上没有一丝血色，连嘴唇都苍白得厉害。乍一看，我还以为她生了一场大病。

一开始，她看到我，还强撑着想要微笑，可是在我看来，她的那个笑容，比当初送A先生去医院时哭得声嘶力竭的表情都要难看，都要让人心疼。

我们都没有说话，但是我知道，她这个样子，一定和A先生有关。

喝了一口茶，我问："你们发生什么事了？"

姑娘依旧平静，并没有出现我所想象的情绪失控的场面，但平静的只是表情，眼泪却大颗大颗地往下掉。我看得出来，她在努力克制，努力把眼泪憋回去，可是越是用力，眼泪就越是不听使唤般地往下掉。她用手捂住脸，指缝之间，眼泪像是捧不住的水一般慢慢溢出。

她仰起头，努力地吸了一口气，然后缓慢地说："他出轨了。"

"他说他以为自己很爱我，可是当他遇见另一个姑娘的时候，才知道跟我之间根本不是爱，而是妥协。可那个姑娘，让他有一种重回十八岁的错觉，他想要奋不顾身、想要放弃一切去追求，去跟她在一起。"

她停了一会儿，问："你说，我是不是很失败？"

我给她递了一张纸巾，说："不，不是你失败。是他贱。越是容易得到的，越不想珍惜；越是得不到的，就越费尽心机地想要牢牢抓在手心里。从一开始，是你追求的他，对他而言，得到你太容易了。何况在你们相处的过程中，你一直都是那个不求回报拼命付出的人，你以为对他越好，他就会越离不开你。其实不是的，你越对他好，如果他有良心，他会越愧疚，但是这样的愧疚感也会迫使他离开你；如果他没心，他甚至会觉得你太唾手可得，即使随便丢掉也无关紧要。就好像一个玩具，我们一直心心念念的话，就会越觉得珍贵；如果乍见之后立马得到，玩过几天就会弃如敝屣。感情也一样。"

我不知道姑娘未来会不会遇到一个真的知道疼惜她爱护她的人，但是我想，经此一役，想必浑身是伤之后她会恍然明白，感情的事，从来都不应该是一个人费尽心思，而应该是彼此共同付出，共同成长。

　　我遇见过很多人，也有不少读者问过我类似的问题："为什么我对他都那么好了，他还是要离开我？"

　　很多时候，我是这么回答他们的："我也不知道你对他那么好了，为什么他还会离开你。但是我知道，如果你把对他的好，哪怕一成两成放在自己身上，即使有一天他真的离开你了，你也一定不会像现在这么难过。"

　　学会爱一个人之前，我们要先学会爱自己。

一味地退让，只会让你陷入坏情绪的漩涡

前不久，和朋友聚餐，说起了彼此家庭的八卦事情。

晓晓和我同年，但已经结婚四年，现在孩子都能打酱油了。

我和晓晓相识多年，当我们还是懵懂少年的时候，晓晓是我们朋友中出了名的女汉子，豪爽仗义，路见不平拔刀相助，是典型的女侠，所以在朋友中人缘一直极好。

说起来，晓晓并不是那种贤妻良母的类型，年少时她就是一暴脾气，能开玩笑，但也易怒，眼睛里揉不得沙子，典型的一点就着的性格。

朋友做久了，大家都知道晓晓的性情，只要是能踩到她痛处的事情，谁都不敢提，也不敢说，所以一路下来，大家嘻嘻哈哈，一起玩到今天，很少发生什么翻车的事情。

虽然晓晓脾气暴，但真正见她发火只有一次，是因为一个朋

友被男朋友劈腿了，而朋友又刚好意外怀孕。那时晓晓刚毕业，和朋友一起进了同一家公司，晓晓一听说朋友的事，当即对这个朋友就是一顿劈头盖脸的臭骂，然后拉着朋友带着我们哥儿几个怒气冲冲地去找那个男的算账。

我们找到那个渣男的时候，他刚好和他的新女朋友在食堂吃饭。晓晓二话不说，端起食堂里一盆辣椒油，走到那个男生身边，从头顶开始往下倒。动作一气呵成，帅到炸裂。

那个男生一开始有些发懵，反应过来后瞬间暴跳如雷，抬起手就要打晓晓，被晓晓一脚踢中了裆部，当即倒在地上疼得直打滚儿，身上沾满了辣椒油，整个人看起来又滑稽又可怜。

事后，晓晓还不忘教训那个怀孕的姑娘："你脑子是不是短路了？这种事能忍？要是我不替你出头，你是不是还要圣母心泛滥，一个人偷偷跑去打胎，然后也不打算告诉他，跟自己说，爱他就要成全他？狗血偶像剧看多了是不是？我说的，一万！你的打胎费用和营养费！没有一万，他以后别在公司出现！"

晓晓的这些激情往事，现在回想起来，我们几个老朋友聊天的时候，依旧觉得热血沸腾。直夸当年的晓晓简直黄蓉第二！

没错，当年的晓晓就是这么一个性格直率、有点野蛮、有点乖张、有点粗暴，但是又特仗义的姑娘。

只是这些年过去，当年那个青涩稚嫩、敢作敢为的姑娘也洗去棱角，嫁为人妇，从此变成了一个温良恭俭让的好媳妇、好母亲。

现在的晓晓，别说打架了，就连笑都变得恰到好处。不会张大嘴，不会发出太大声音，不会像往常一样豪迈爽朗。

不过说真的，温柔后的晓晓，看起来还真有几分女神范儿，只不过，当年的"黄蓉"再也不见了。

晓晓说，结婚之前妈妈总是跟她说，嫁人之后，以前的野性子要收敛一点，不能再像个男孩子一样大大咧咧的，也不能再像以前那样有恃无恐。以前有爸妈在后面为她撑腰，遮风挡雨；嫁人之后，要学会隐忍，学会礼让。

当然，让她真正变化这么多的，还是她现在的先生。

按晓晓的话说，真正爱上一个人之后，是真的会让自己变得卑微的，把自己放得很低很低，低到尘埃里，把他摆得很高很高，高得像是一个神祇。为了他，她愿意洗去原先身上的"匪气"，甘愿变成一个相夫教子的贤妻良母。

尽管很爱他，可是结婚这几年，晓晓过得并没有想象中的那么幸福快乐。

她先生出身于书香门第，父母都是大学教授，先生自己也帅气高大，年轻有为，三十出头，已经是一家外企的高管了。

所以公公婆婆眼界颇高，从一开始，他们就不太赞成这门亲事，说晓晓父母是经商的，无商不奸，这样的人家教出来的孩子既没教养又显得俗气。还是他先生一力坚持，差点闹得母子反目才把晓晓娶回了家。

他先生从小就是乖乖男，唯独在娶晓晓这件事情上，和父母据理力争，所以晓晓打心眼里觉得这个男人值得托付终身，也值得自己为他改变身上所有的坏毛病，变成一个温柔体贴的好妻子。

晓晓夫妻二人加上孩子，和公公婆婆住在一起，虽然先生对她疼爱有加，怎奈婆婆隔三岔五就要出么蛾子，找她的碴。为了先生不夹在中间左右为难，也为了这个家庭的和睦，还为了当年母亲跟她说的那番话，晓晓不管婆婆找什么碴，都忍了下来。

她告诉自己，只要一直忍让，婆婆即使再无理，也终有一天会醒悟，会发现她的好，最终会接纳她，即使不当成女儿一般，能对她客气一点，偶尔嘘寒问暖也是好的。

可是四年了，她一再忍让，婆婆却越发地变本加厉。如果说一开始只是因为看不起她的出身而故意找碴，现在却好像变成了一种习惯，她知道晓晓会让着她，会妥协，所以更加有恃无恐。说白了，真的是在欺负她了。

晓晓每次出来几乎都是不开心的，虽然偶尔会吐槽一下，但是完全不能从根本上解决问题。她说，有时候在家里会觉得很压抑，甚至有时候一出门都不再想回去了。

每次她出来和朋友逛个街，就会被说成和不三不四的朋友勾三搭四；每次买件露脖子的鲜艳一点的衣服，就被说成花枝招展不检点；每次在家里看电视剧，就被说成没修养只会看没营养的东西浪费时间；即使好心好意买点东西给他们，也会被说成俗气没品位……

晓晓和先生说了很多遍，要搬出来住，可是先生是个孝顺男，总觉得自己父母年迈，搬出来就是对他们不尊重，也是把他们放下不管。

一开始晓晓说的时候，他还会解释或者安慰她几句，到后面干脆就变成了不耐烦，甚至说她是嫌弃他的父母等。

晓晓说，自从自己变了一个人之后，在那个家里，都快要压抑死了。每天内心很烦躁，可是又不能发泄，甚至面对故意挑衅也要忍气吞声。

我们很多时候都是这样，用所谓的隐忍去处理所有的关系。总觉得只要自己退一步，就真的会海阔天空。朋友在背后捅刀子了，想着算了吧，谁都有犯错的时候；心爱的人劈腿了，想着别怪他了，生活那么长，在一起久了总会腻的；被混混欺负了，想着以后就绕着走吧，犯不着跟他们一般见识。

可是我们不知道的是，虽然我们表面上告诉自己要让这所有的事情一笑而过，可偏偏，这些事情会积压在心里，日积月累，把自己的情绪压抑到崩溃的边缘。这就是为什么我们每次遇到让自己觉得吃亏的事情时，会有满腹的烦躁情绪。

这只不过是因为，自己没有找到一个宣泄的出口，没有找到一个平衡的支撑点。

更何况，那个在你背后捅过刀子的朋友并不会因为你不计较就感激你，甚至会认为你好欺负，以后有机会，说不定捅得更深；劈腿的那个人，也不一定会因为你的原谅而浪子回头，他有可能觉得反正你都无所谓，因此变得愈发嚣张；而那些混混，第一次在你这里尝到了甜头，以后不管你绕到哪里，他们都能找到你。

所以，一味地退让和妥协，根本不是解决问题的办法。面对不公和欺辱，我们唯一的方法就是拿起合理的武器，恰到好处地回击。让他们知道做错事是要付出代价的，他们就会缩手了。

那个捅刀子的朋友，从今以后就不再是朋友了；那个劈腿的渣人，从此就不要再见了；那个欺负过你的混混，你一定要表现得比他们还凶狠。

就好像晓晓，她说，忍了这么些年，她终于明白，躲避和退让，根本不是解决她和婆婆之间矛盾的办法。现在唯一的方法，就是让当年的那个自己回来，虽然不是和她对着干，但也不会事事顺着她。

虽然一开始，婆婆因为晓晓的变化变得更加暴跳如雷，但是一个老太太，又真的能有多大的精力去折腾？没人给她盛饭夹菜，没人帮她铺床叠被，没人抢着收拾家务，没人帮她做以前她一直觉得理所当然的事情，也没人在她无理取闹的时候顺着她，这时她反倒想起晓晓以前的好来。态度突然变得缓和下来，甚至在晓晓生日的时候，还主动送了她一只精美的白玉手镯，平常说话做事也像以前那样作天作地了。

家庭氛围一旦缓和下来，整个家都变得热热闹闹、喜气洋洋的，而这个兼并古典与时尚的婆婆，有时逗起乐来，甚至会让晓晓觉得蛮可爱的。

生活中，我们都会遇到一些故意刁难、恶意中伤的事情。很多人因为要顾忌面子、顾忌情分，在人前一味地忍让，但在独自一人的时候，又感到憋闷气恼。

别人犯的错，你拿来惩罚自己。这难道是大度吗？

所谓的"老好人"，可能是没有原则的人

高中的时候，语文老师曾说过一句话，让我记忆深刻。

她说："你们不要和那些'老好人'靠得太近，这些人性子懦弱，有些墙头草人云亦云的特性，并不是他们性格坏，而是他们太缺乏认同感，亟须得到他人的肯定和拥护。所以你今天的秘密，说不定就变成了他明天和别人掏心掏肺的谈资。"

时至今日，步入社会久了，对这些话虽然不尽赞同，但仍觉得有几分道理。

有个邻居，出了名的好说话，对谁都和善客气，对谁都笑脸相迎，对谁的请求都答应。

但是这个邻居，在我们那里，并无什么好的口碑。有困难找别人帮忙的时候，能够真正帮他的，也鲜有其人。

邻居家贫，身材瘦小，听父辈们说，小时候经常遭到别人的

欺负和嘲笑。所以，可能是为了树立一个和所有人关系都好的形象，把自己变成了一个老好人，和谁都刻意亲近。

有一次，几个人在我家喝酒，A因为喝了点酒，大肆吐槽B的过分、无赖。这位邻居就在旁边帮腔，感觉和A十分亲密，帮着一起讨伐B的种种不堪，以此博得A的好感和认同，说他明事理。

过了不久，B因为帮我家做了什么事情，在我家吃饭。说着说着便说起了A的不是，说得义愤填膺，这时候邻居又站出来帮腔，帮着数落A做的一些糟心事，又以站队的形式来换取B的赞同，说他通情理。

可是这些事情，在事后A和B再次吵起来的时候，全盘托出，当场对峙，结果邻居成了两边不讨好的小人。

其实也许邻居并不是真的想要诋毁这两个人，这些事情也确确实实是他们做下的，他只是想要获得这两个人的一致认同，想要和两边都搞好关系。在他看来，说出对立方最私隐的秘密就是对身边人最大的信任。因此，他面对谁就同谁站在同一个阵营，哪怕这双方是对立的。

他在内心深处自卑，在意所有人对他的看法，也迫切想要获得所有人的认同和赞赏。他没有很好处理这种关系的能力，便只能用最笨的方法去巩固他和所有人的关系。

可是这样的方法，不仅蠢笨，而且特别没原则、没底线。

这样的"老好人"，其实大部分都很善良，但都是没有底线的善良。他们不圆滑，渴望和这个社会融洽相处；他们不取巧，希望得到所有人的认同。没有一项十分出色的社交技能，就只能以顺着对方说的方式行走世间，来维系自己和身边人、和社会的亲密关系。

所谓"老好人"，有几个性格特征十分明显。他们不善于拒绝，性格温吞，说话很少大声，言语措辞恰到好处。在他们身上，中庸的处世之道被发挥得淋漓尽致。

说到底，曾经我也是这样一个人，即使到了现在，也多多少少有这样的影子存在。

所以，我一直觉得，用这样的面目生活在世间，其实真的挺累的。

看到大大咧咧、性格爽朗、无所顾忌的人，我甚至会一度羡慕他们的洒脱，羡慕他们和人打交道那么自然，那么随性。

而反观自己，处处要小心留意，处处要察言观色。时间长了，也会厌倦，也会嫌恶这种平和温顺的样子。

而且最可笑的是，有些感情，越是用力维系，越是不得其法。我看到很多所谓的"老好人"，如我一样，身边真正能够掏心掏肺的朋友少得可怜。

恰恰相反，那些活得轰轰烈烈、性格鲜明热烈的人，反而更受大众的欢迎，他们会有一班随叫随到的朋友，会有几个无话不谈、可以患难与共的好兄弟、好哥们。

其实大家都知道，越是性格鲜明的人，相处起来就越觉得真实。

可是"老好人"，在所有人看来，"你对谁都是一副好说话的态度，加上性格温吞，别人很难真的走到你的心底，所以你也变不成别人心中真正的知己"。

"老好人"为了维系自己在别人心目中的形象，会把自己蜷缩成一个"中央空调"，不是暖一个人，而是暖所有人。对于别人的要求，不好意思拒绝，哪怕是自己很难办到的请求，也会尽力答应。

可是，这类人，在社交群中，其实很难讨喜。因为别人看不清你，也觉得你无趣，因此你在社交中逐渐被边缘化，而只有真正有什么事情的时候才会被想起。

曾经有个朋友，典型的好说话，无论要他帮什么忙，无论他能不能办到，其都满口答应。

他很享受我们大家对他的夸赞，说他热心肠，说他仗义，说他够朋友。

可是说真的，他并没有几个真正意义上的知己好友。大家和他相交，也仅限于帮忙和请客吃饭之间。

朋友家境并不富裕，父母都是农民，供养他上大学本就不容易，所以每学期一次性给他2000元生活费已经是家里的能力极限了。

朋友有个女友，高中就在一起了。姑娘很乖巧，不花哨，知道双方家庭条件不太好，所以从来不乱花钱，平常除了学习就是在外兼职。大二那年，拿到了国家励志奖学金。

姑娘怕朋友生活费不够用，就拿了两千元钱给他，说是让他保管，其实是为了保护他的自尊心，怕他没钱了又不好意思跟她开口。

朋友有个同学，大学期间基本不上学，要么玩游戏，要么出去疯。很多老实的大学生，对这类学生一般都是敬而远之，朋友和他也说不上什么交情。

可是有一天，这哥们突然找朋友借钱，说自己女朋友生病了，手上没有那么多现金，江湖救急。

朋友二话不说，就掏出自己的全部钱给了他。

其实那时候大家都知道，他女朋友刚刚还上着课呢，怎么可能突然生病了呢？

这哥们，在宿舍玩游戏玩得无聊，出去街边的游戏厅玩赌博，一天就输了大几千。自己身上的钱输光了，又面临催债，没办法了，只能找老实好说话的朋友借。只是他没想到，找了好几个人，都以各种理由拒绝，只有这位朋友二话不说就拿了几千块给他。

两个月没到，上次欠的钱还没还，这哥们又找朋友来借钱，信誓旦旦地说自己急需钱，等几天，连同上次欠他的一并还给他。

朋友有些为难，一是自己身上除了女朋友给他的两千块钱外只剩下千把块钱；二是他也知道，这哥们就是个无底洞，出了名的赖皮；三是他后面辗转得知，上次他借的钱根本不是什么女朋友生病，而是拿出去还赌债了。

可是碍于面子，不好拒绝，于是又借了钱给他。

这些事情，我们原本并不知情，还是后来，他女朋友看他天天吃泡面，有时候晚餐也不吃，便起了疑心。质问他的时候，他才吞吞吐吐地说了出来。

他女朋友听完之后，直接气哭了。其实这样的事情已经发生了很多次，以前都是几十百把块的，姑娘也就不放在心上，权当他是太过善良。可是这次，明明知道那哥们就是一个不讲信用的混子，还打肿脸充胖子把自己的全部家当都给了人家，关键是女朋友心疼他给他的两千块奖学金也全部搭了进去。

姑娘说："你这样的善良，这样的'老好人'，就是缺心眼。"

　　这样的"老好人"不仅在一定程度上委屈了自己，伤害了自己身边真正亲密的人，也把自己陷入一种尴尬困难的境地，害得身边人跟着一同吃苦受累。而实际上，这也是在纵容那些索取无度、不懂感恩的人，让他们觉得这种索取理所当然，如果你不帮他，你就是不讲义气，没有怜悯心。

　　我们生活在这个世界上，每个人每前进一步，都艰难万分，每个人的每一份成绩、赚到手上的每一分钱、取得的每一份功劳和胜利，都是通过自己的不断努力和汗水浇灌而来的。

　　乐于助人确实没错，但也应该根据自己的实际能力量力而行。更何况，怎样帮，帮到什么样的程度，都应该有个度。有时候不分所以地盲目助人，其实是在纵容一个人更加懒惰、更加依赖别人。

懂得拒绝，你才能真正看清一个人

人和人之间是一种十分微妙的关系。

多一分太过，少一分不足。

这也是为什么很多明明关系很好的朋友，逐渐变得疏远；很多一开始毫不相干的人，逐渐变成推心置腹的知己好友。

很多人把这种疏远或者亲近归结为时间和距离的原因，在我看来，其实不然。

有的人这样形容和朋友的关系：即使一年半载不联系，见面的时候一个大大的拥抱就能回到从前；即使天天嘴上损着对方，嫌弃对方，可只要对方一有事，一个电话、一条短信，就能放下手头所有的事情迅速赶来。

而有的人，即使天天见面，也不见得真的愿意为你花哪怕一分钟的时间；即使天天觥筹交错，酒肉欢愉，也不会对你真好，只要你一有事情，他就躲得比谁都快。

时间和距离打不败真挚的友情。爱情可能会横生出第三者，但友情不一样，即使有了新朋友，老朋友当初的情义也不会随之飘散。

而这样的感情，在萌生之前，都讲究一个度。

也就是说，什么样的人，能够成为推心置腹、无话不谈的朋友；什么样的人，即使吃过再多的饭、喝过再多的酒，也还是止于泛泛之交。

在这里，我们不得不引申出一个词：拒绝。通过拒绝，我们可以看清楚怎样的人值得你去付出，同时也能看清楚，自己在别人心中是怎样的一个地位。

俗话说，君子之交淡如水。

真的朋友，虽然不惮于求助对方，却有些害怕麻烦朋友。别说什么"我们关系已经这么好了，没什么麻烦不麻烦的"，也别说什么"我把你当这么好的朋友，这点忙你都帮不上"……

我们每个人都是生活在这个社会上的个体，每个人都有自己的生活圈子，有支配自己时间的权利。不轻易麻烦别人也是对对方的尊重。

朋友M讲了一个关于他的故事。

高中的时候，M有个玩得很好的同桌，我姑且称他为小A。

小A成绩很好，长得也不错，人前豪爽大气，不拘小节，身边有一帮经常混在一起的哥们。

朋友M不然，他是一个特别普通的男孩子，长相平凡，成绩一般，就连社交也疏离寡淡，好友寥寥。

小A和M家境都不算好，两个人都是农村子弟，父母都在广东做流水线工人。小A相貌出众，性格开朗，自然讨女孩子们的喜欢。跟朋友同桌的那一年，小A就交过两个女友。

在那个送笔记本、送围巾、送玩具熊都能让姑娘惊喜感动的年纪，小A虽然家境一般，但是出手却十分阔绰。他送姑娘的，都是类似于MP3、MP4，还有小灵通一类的电子产品。当姑娘收到这些礼物的时候，自然是受宠若惊。

小A送完礼物还不算，每天和女朋友在一起的时候，连饭钱都是他出。在我们高中那会儿，一般学生的生活费是每月200元左右。这么一点钱，哪里够小A的花销。往往是这个月还不到一半，生活费就用光了。

他借遍了身边所有可以借钱的人，到最后大家都不再愿意帮他了。但他还有朋友M，那时候M和小A的关系很好，经常一起上下课，放假一起出去玩，自然而然，就把彼此当成了哥们。

每次小A向M借钱，M都不拒绝，时间久了，小A对这种事便习以为常，没钱了就从M那里拿。虽然是两个人的生活费，但以小A的花钱能力，好多次，月底还剩一周，两个人就已经身无分文了。

M清楚地记得，有一个月，他们身上的钱又用光了，原本妈妈答应周六给他汇钱过来，可是到了周六，去取款机一查，余额还剩几毛钱，妈妈那天因为有事耽搁了。

他们俩已经一天没吃饭了，搜遍全身，以及课桌、书包的每一个角落，最后凑了一块五毛钱。两个人买了一张烙饼，一人一半蹲在街边吃了起来。M甚至想，像他们这样经历过窘迫的人，在将来一定能够做不分彼此的好兄弟。

大学期间，他们也偶有联系，小A依旧对M以兄弟相称，把M当成自己生命中最重要的一位朋友。

大学毕业后，小A混得很好，成了一个创业型公司的创始人，而M在一家公司成了一名朝九晚五的上班族。

M的一位同学，想要去小A所在的城市发展，问M在那边有没有熟人，也好彼此照应一下。M想起小A，便给他们牵线搭桥，想让小A看在自己的面子上帮同学看看有没有合适的工作，即使没有，做个朋友也不错。

可谁知道小A在电话里直接跟M的同学说："我和M根本不熟，我们好多年都没联系了，我都快忘记有这个人了……"

M在听完同学对他复述的这番话之后，瞬间发现，这么多年，自己一直认为的青春期最好的兄弟、朋友，原来只不过是一个笑话罢了。

他想，如果当初自己像其他人一样，对他屡屡借钱的要求果断拒绝，不对他施以援手，那么他们之间是不是就不会存在所谓的朋友、兄弟感情，这个人或许根本就不会和他走得太近，而自己也能早一点发现他那些看似豪爽大气的伪善面目。

其实我们生活中有太多类似于小A一样的人存在。小A们在需要你帮助的时候，会以一种好朋友、好闺蜜的形象出现在你面前。因为成了好朋友，让你帮忙的时候才能无所忌惮，才能理所当然。

但是一旦你不能满足他们的要求，这些人便会站到陌生人的行列，甚至还会在人前抱怨你的各种不是。

可是要我说，这又有什么关系呢？做好自己就行了，是好是坏，自己心中明了。即使有人在身后嚼舌根，时间长了，总会被人看出来的。

我们应该庆幸，自己一时的拒绝，可以看清一个人的真实面目。

我宁愿没有朋友，也不愿和一个小人称兄道弟。耳边少了聒噪，多了清净，何乐不为？

有太多的人，对于别人的请求，哪怕是过分的、无理的，也要硬着头皮施以援手。虽说帮助人是好事，但也有可能别人正是看中了你的软弱温吞，看中了你的不懂拒绝，才刻意在你身边予取予夺。不然，他身边有那么多人，为什么不去找别人，偏偏找了你？真的是因为他把你当成明月照心的好朋友吗？

做好人的同时，一定别忘了做个聪明人

朋友工作两年的时候，曾经带过一个实习生，小伙子十分聪明机灵，学习能力很强，做事也积极利索，深得朋友喜欢。

但是小伙有个毛病，特别爱逞强出风头，特别是在领导面前，总是用尽各种方式去表现自己。

有同事曾经私下跟朋友说过，这小伙子有点油滑，为人不太靠谱，要朋友防着点，不要什么都和盘托出，为自己将来留点余地。

朋友为人憨厚仗义，觉得那个小伙子能力不错，于是很爱惜自己的徒弟，对于同事的劝告，也就笑笑当耳旁风过了。

其实朋友看得出来，办公室里的人对小伙子都不是很友善，有人甚至还私下鄙夷他的那股子表现劲儿。可朋友不这么想，他觉得，一个从贫穷山村走出来的小伙子，努力想往上走是很正常的现象，虽然可能有些急迫，但也是人之常情。

何况朋友自身也是贫困家庭出身，他深知这个社会对一个毫无背景、一穷二白的年轻人而言，有多艰难，所以他一直认为，自己能帮他一点就帮一点。

可能是小伙子太急功近利，太迫切地想要在公司证明自己，站稳脚跟，才工作半年，就不顾朋友劝诫，自己谈客户，结果被对方坑了，害得公司损失了一大笔钱。

那天晚上，小伙子找朋友出去喝酒，三两酒下肚，小伙子就哭得不成人样。他知道自己犯下的过错，公司是肯定不可能让他继续待下去了。他带着哭腔和朋友说："师父，你不知道，我一个二本大学生，为了得到这份工作，承受了太多的辛酸和常人想象不到的困难。我知道办公室的同事们怎么看我，但是我能怎样？我除了努力工作证明自己，让领导知道我能行，保住这个工作机会以外，我还能做什么？"

朋友本就不善言谈，也不知道如何去安慰他，小伙子继续哭诉："我家里父亲卧病在床，母亲身子一直不太好，他们为了让我上完大学，已经付出太多。可现在我居然犯下大错，怎么对得起他们的养育之恩？怎么有脸回去见他们二老？"

朋友感性，听他这么一说，也想起了自己面朝黄土背朝天的父母，顿时红了眼眶。看着小伙子难过的表情，他拍拍他的肩膀说："没事儿，你明天继续上班，有什么事情我来扛。"

第二天，朋友刚到公司，大老板就怒气冲冲地走进部门经理办公室，半个小时才出来。部门经理送大老板走的时候，整张脸都是绿的。办公室所有人都清楚，这件事到底有多大。

朋友在大老板走后，跟着部门经理走进办公室，领导还没说话，他自己倒先承认起了错误，说是自己授意那个小伙子去谈的客户，自己事先没有做好功课，导致公司利益受损，有什么后果自己愿意一力承担，希望领导不要为难小伙子，再给他一次将功补过的机会。

作为部门经理，他怎么会不知道自己的部下到底出了什么问题。但是朋友平常工作努力，业绩出色，是他的得力干将，而且在公司里也一向好评如潮。看他那么维护自己的徒弟，只是劈头盖脸地把他说了一顿，扣掉三个月的奖金，并且让他们尽快将公司的损失弥补回来。

小伙子就这样躲过了一劫。

经历过这件事情，小伙子倒也沉稳老练了许多，工作上也十分上进。两年之后，部门经理被另一家公司挖走，朋友顺理成章地坐上了部门经理的位置。而小伙子，也已经成长为独当一面的团队负责人，业绩能力甚至比朋友当年更胜一筹。可以说，朋友所能教的，都已经倾囊相授。

朋友做了部门经理之后，一年之内，连输三个大案子，公司上层震动，下令问责。其实朋友清楚，是自己团队出了问题，但是苦于没有证据，他又找不出到底是何人所为。最后没有办法，只能自己主动引咎辞职。

而这时候，部门业绩最好的就是他当年带的实习生，朋友一走，小伙子就被任命为部门经理。不到三年的时间，小伙子的晋升可谓神速。

这也是朋友唯一欣慰的事情，因为看着自己亲手教出来的徒弟，能有此番作为，作为师父，作为朋友，真的替他高兴。

离职之后，朋友偶然和圈内一个人吃饭，而这个人刚好是之前他所在公司的对手公司的一名职员。说起朋友的三次失利，那个人遗憾地说："你呀，是输在了内部！"

朋友有些无奈，喝了口酒说："我知道是我的内部出了鬼，才至于惨败，但是我一直都找不出这个人。因为这些人都是跟我辛苦打拼多年的兄弟姐妹，我想象不出到底谁会出卖我。"

那人狡黠地说："现在你已经不在那家公司了，我也不妨跟你明说，你想，如果你走了，在公司里，对谁最有利？"

朋友不敢相信地说："×××（徒弟的名字）？不可能啊，他是我一手调教出来的，怎么可能会出卖我？"

"不坑师父坑谁啊？只有师父才是他最了解的。他知道怎样击中你的软肋，知道怎样才能打得你再也翻不了身。更何况，你一走，他就能顺理成章地坐上你的位子。人啊，别太高看别人的品质，也别太相信自己的魅力了。"那人叹了口气说。

朋友怎么都想不到，自己一手带出来的徒弟，冒着被解雇的风险救下来的朋友，居然就是在最紧要关头捅自己刀子的人。最戏谑的是，在最后时刻，看到他搬进自己的办公室，自己还特傻帽地为他感到高兴和欣慰。

被出卖了、被陷害了，还蒙在鼓里，还一直把他当成自己最信任的人。

鲁迅先生曾经说："我从来都不惮以最大的恶意去揣测国人的。"

其实无论国人，还是外人，都有趋利避害的本性。有些人遏制住了这种本性，存有知恩图报之心，就成了我们所说的善人。但千万别忘了，世界之大，无奇不有，总有些人，遏制不住这种犹如动物夺食一般的欲望，是真的能够做出六亲不认的事情来的。

而朋友所带的这个实习生，从一进公司，就开始在特定的人面前刻意表现。这分明可以看出来，这个人，但凡羽翼丰满，绝对是一个狼子野心、不甘屈于人下的人。办公室那么多人都看清了，唯独我这个傻傻的朋友，还蒙在鼓里。

俗话说，害人之心不可有，防人之心不可无。但凡我这个朋友，当年有一点提防之心，或者有一点看人的本事，也不会落此下场。

帮助弱者，原本是功德一件。但是聪明人帮人，是看人的，什么样的人该帮，就不遗余力，哪怕牺牲自己的利益也无可厚非；但是有些人，是真的不值得帮衬的，比如那个实习生，从一开始就是一个极富心机、极富目的性的人，这样的人，不达目的誓不罢休，为了扫清自己前进路上的绊脚石，别说是帮他扛过雷、顶过罪的师父，就是最好的亲人朋友，也有可能是他出卖的对象。

这样的人，迫切想要摆脱自己以前的困顿，想要证明自己、出人头地。在他们眼中，没有所谓的朋友，没有所谓的师父，也没有所谓的恩人，只有升职，只有利益，只有目的。

聪明的人在帮助人时，会讲究一个度。这个人该帮，应该帮到什么程度，该为他做出多少牺牲，心里都应该有个底线。老话说，教会了徒弟，饿死了师父。虽然是一句玩笑话，但也有一定的考量价值。

对待一个渴望进步的少年，我们如果有能力，应该伸出援手，尽力拉上一把，这样既成全了他人，也让自己的一身本事有了继承者。但是，如果这个人内心不尽纯良，我们在帮助他的同时，一定要注意，要留下能够掣肘他们的东西。这样，即使面对他的突然反目，也不至于被打得措手不及。

我们行走在世间，给别人一点温暖，对于社会、对于那些暂处低谷的人而言，就是一缕阳光，就是一丝光亮。

我们每个人都有处于低谷的时候，每个人的生命里都难免出现"丧"的时期，我们每个人都需要得到别人的帮助。所以，我们应该成为一个好人、一个路见不平拔刀相助的好人。

但是，我们在做好人的时候，一定要学会聪明地保护好自己。"农夫与蛇""东郭先生与狼"的故事，在现实生活中预演了太多遍。我们唯一能做的，就是在帮助蛇的时候，要看清它的七寸；在帮助狼的时候，不忘握紧手中的猎枪。这才是一个聪明的好人应该做到的。

我是很爱你，但这不是你挥霍感情的资本

我一直都信奉一句话：当你爱而不得时，千万不要纠缠，也千万不要想着多做一些牺牲，就能换得他的回心转意；而是要趁早收回自己的情感，奋不顾身和飞蛾扑火往往灼伤的是自己，成全的是他人。

感情不是买卖，不是付出多一点，就能得到相应的回报。或许，当你付出足够多的时候，也正是他要逃离的时候。

但是感情又跟股票有异曲同工之妙，当你发现行市不好，或者自己买的本身就不是潜力股的时候，就要及早止损。

不然，倾家荡产的是你，伤痛欲绝的还是你。

朋友依依爱一个男人爱了10年，从高中到大学，从大学到工作；从懵懂的少年到成熟的青年。

大学毕业的第二年，他们终于结婚了，依依在婚礼上哭得像

个小孩。

但说实话，依依和那个男人的婚礼，在我们朋友中是不被看好的。

依依爽朗仗义，干练上进。男生却有些颓废，甚至不思进取，关键是在外面还花天酒地。

其实之前有朋友劝过依依，这个男生或许不值得你继续跟他走下去，你这么优秀，肯定会遇到更好的。

依依不听，说她就喜欢当初在校园时他意气风发打篮球的样子，喜欢他当初为了自己不惜和人干架的霸气，也喜欢他跟她表白时专注羞赧的神情。

其实依依怎么会不知道，从大学到工作，这个男人背着她跟多少女生有过暧昧！即使所有人都瞒着她，但是一个朝夕相处的人，怎么会感受不到他的变化？

但她一直都觉得，如果用心爱一个人，他就一定感受得到，一定会在将来醒悟过来。

可是最终依依等到的，不是男人的醒悟，而是变本加厉的伤害。

他开始夜不归宿，酗酒斗殴，还辞掉工作整日在街上游手好闲，他甚至在依依说了他几句之后，动手打她。

依依被他一巴掌打蒙了，捂着脸，跑了出去。

男人追了出来，抱着她痛苦忏悔，说自己没用，说自己混蛋，说就是因为觉得自己太无能才这么自甘堕落。他发誓一定会改，一定洗心革面重新做人，一定加倍爱她、珍惜她。

可以说，这是那些本身不思上进的男人的通性，他们往往把自己身边的女人当成发泄的垃圾桶，但是他又舍不得抽离，只有在发泄完之后，痛哭流涕，发誓痛改前非。

一千个没用的男人有一千种发泄的方式，却永远只有一个发泄对象，就是自己的爱人；到最后永远也只有一种解决方式，要么下跪，要么涕泗交流乞求原谅。

依依妥协了，看着男人那张认真的脸，她心软了，以为他真的会改。

可没过两个月，男生之前的毛病又复发了，喝醉酒之后六亲不认，下手不知轻重，依依的额头被他打破了一条口子，鲜血直流。

可能是看到了血，他一下子又清醒了，再次跪在依依面前认错忏悔。

依依再次原谅了他，她对自己说：爱他，就要把他从泥泞中拯救出来。

可是越到后面，男生变得越不可理喻、越肆无忌惮。

因为他内心明白，不管自己多混蛋，多渣，这个女人都没有离开自己的勇气，因为她爱他。

你爱得越深，我就越嚣张跋扈。

有一次，他居然当着依依的面，把另一个女人带回了家。

依依终于明白了，原来有些人，不管你如何爱他，如何宽容他，都改变不了他一身的混蛋气。

第二天，她平静地找律师拟好离婚协议，摆在他的面前。

男人再次故技重施，痛哭流涕请求她的原谅。

依依走之前，对他说："我曾经很爱很爱你，但是我爱你，不能作为你挥霍感情的资本，也不能成为你作践我的理由。我们就此别过，放彼此一条生路。"

还有一个朋友，是个男生，我们叫他小胖。

小胖在大学的时候喜欢上了班里的一个姑娘。姑娘肤白貌美，身材高挑。

小胖白白胖胖的，对人从来都是笑脸相迎。他的父母都是县城官员，家境还算殷实，大三那年当我们还要走路或者骑自行车去上课的时候，他就开着轿车满世界跑了。

虽然家庭条件不错，但小胖面对女神的时候，还是有些自卑，毕竟从外在条件上来讲，小胖和女神之间差得不止一点两点，而是一道难以逾越的鸿沟。

尽管这样，感情的事情越是压抑，爆发得就越迅猛。

　　女神生日那天，小胖鼓起勇气，买了鲜花和巧克力，站在她宿舍楼下跟她表白，可是女神连正眼都没看他一眼，就匆匆走掉了。

　　小胖不死心，在QQ上继续表白，女神依旧有一句没一句地敷衍着。

　　那时候的小胖，就连洗澡，手机都要带在身边，因为他生怕没看到女神的消息，怠慢了她。

　　陷入感情时的我们总是这样，小心翼翼，低入尘埃，生怕哪个细微的差错就让对方对自己产生天大的误会。

　　但是我们从未想过，或许你对那个人而言，发过去的那些精雕细琢的字眼词汇，在她眼中，不过是可笑的酸腐文字而已。

　　可是只要女神回复他的消息，哪怕是一句简短的"嗯""哦""好""知道了"……他都可以开心地跳起来，一直跟我们叨叨叨地说："啊，女神回我消息了，女神回我消息了……"

　　那时候的小胖单纯得可爱，但是又纯情得让人心疼。

　　我曾经跟他说，爱一个人不能太用力，因为越是这样，将来就会越受伤，何况对方是不可一世的女神。

　　小胖还是老样子，满脸笑容，大大咧咧地说："我只知道自己喜欢她，其他的我都不管，我所做的一切也都是自己心甘情愿的。"

不知道是小胖的坚持打动了女神，还是她只是单纯地因为身边没有陪伴，需要一个人走在后面当备胎。女神和小胖的关系逐渐好了起来，甚至是有些暧昧不清。但是据小胖所说，女神自始至终都未答应过做他女朋友。

可即使是这样，小胖也已经心满意足了，他觉得，只要能待在女神的身边，就是自己最大的福分了。

他们关系变好的那段时间，小胖会时不时地送女神一些贵重礼物，今天是手机，明天是项链，后天是手表，大后天又是包包……女神照单全收，无一例外。

大三那年，女神再次恋爱了，可男朋友不是小胖。

我原本以为，小胖会知难而退，可是他说，女神曾经跟他说过，要他做她的蓝颜知己。

我一直觉得，陷入感情的人，是盲目的，甚至是心智有些不成熟的，而小胖则把这种盲目和不成熟发展到了极致。

女神和男友在一起不到三个月，突然怀孕，男友不知所终，最后还是小胖陪她去医院做的人流，费用他全部承担。

有一天，我正在写小说，小胖突然打电话跟我说："恺哥恺哥，今晚我请客，大家聚聚，女神终于答应做我女朋友了。"

原来在女神从医院回来的那天，趴在小胖肩头痛哭流涕，说自己终于知道谁才是真正在乎自己的人了。最后她突然说："小胖，要不，我们在一起吧！"

小胖根本就不在乎女神之前的所作所为，也不在乎她之前对自己的那番若即若离的态度。他只知道，自己喜欢的人，如今终于答应跟自己在一起了，他都幸福得快要晕倒了。

我们一直以为，因为经历了感情的磨难，见证了相守时刻的真心付出；一个人在浪荡之后还有人默默守在身后，而另一个人终于守得云开见月明。那么，接下来就应该是水到渠成的幸福和相互珍惜。

只是我们都错了。如果一个人从来都没有把心思放在你的身上，即使你们在一起了，你也只不过是她短暂停留的慰藉。说得俗了，或许你在她的眼中，连一个称职的备胎都算不上。

在遇到心动的人之后，她还是会火光电石，义无反顾地去跟另一个人在一起。这么些年你如何对她，她就如何对那个让她心动的人。

在你眼中对你的不公平，在她遇到自己认为的幸福时，就什么都不重要了。

小胖一直以为自己的深情，终究会换来对方的深情相待。只不过，才短短几个月的时间，女神就突兀地跟他提出分手。

"小胖，你是个好人，可是对不起，我的心从来都没在你的身上。"女神撂下一句抱歉的话就消失在小胖的世界里。

其实女神移情别恋，小胖早有觉察，只是一直麻痹自己，一直告诉自己这些都只是自己的猜测，都只是自己还不够爱她的表现。

我说："小胖，其实我们爱一个人，是讲究火候和度的，没有底线、没有原则的纵容，只会让对方一而再再而三地践踏你的感情。现在，既然已成事实，你就一定要走过这道坎儿，其实除了这个女生，前面还有好多好姑娘等着你呢！"

听很多人说过：精诚所至，金石为开。

可是我一直都认为，在感情世界里，所谓的精诚所至，往往适得其反。这个道理就好比，我们通常对自己身边最亲近的人肆无忌惮，却对外人以礼相待。

感情是要讲究平衡的。宠溺和过度纵容，永远都不可能唤醒一颗装睡的心。

而你的爱，也不一定能得到同等程度的馈赠。

即使你再爱一个人，再喜欢和在乎一个人，也千万不要因为这份感情失了原则、失了自我。

因为如果一个人，让你要不计原则、不计自我地去爱的话，往往到最后，你会发现，原来他，并不值得你这么深情。

第三章

成全他人之前，请先成就自己

你可以想着他人，但一定别忘了活成自己

在感情中，最糟糕的不是遇到背叛，更不是求而不得；最糟糕的是盲目，盲目到丢失了自己。

可能是社会发展太快，人和人之间变得越来越冷漠，所以虽然繁华喧嚣，但是每当一个人静下来时，总有一种孤独感如影随形。那种孤独和寂寞，煎熬着每一个人，让人觉得窒息。

所以一旦遇到一个人，我们总是倾尽全力地付出，希望能牢牢地把他留在身边。以为这样，就是留住了温暖，留住了生活的光亮。

可现实远比想象残酷，我们处在这个世界，没有谁是离不开谁的，也不是离了谁太阳就不再东升西落。

所以，我们这个车水马龙、灯火通明的城市，每天都在上演着一幕幕分离大戏，身陷其中的人们有的寥寥寡欢，有的歇斯底

里，有的悲痛欲绝。无论以哪种方式分手，在这段他们曾经以为会地久天长的感情中，没有赢家，也没有色彩斑斓的未来。

很多感情都以轰轰烈烈的方式开场，而结束时，往往狼藉不堪。和平也好，吵闹也罢。因为不管过程有多完美、多绚丽，没有未来的感情，再唯美，再珍贵，都只不过是水月镜花一场。

我从来不相信什么"有段美好的记忆就足够了""曾经在一起很快乐就很满足了"这样自我安慰的话。我是一个现实主义者，我看重的是现在，是即将到来的明天，是轰轰烈烈的未来。如果没有当下，如果看不到未来，记忆再好再美，也只不过是已经走过的往事罢了。

有句话说得好：敬往事一杯酒，再爱不回头。

往前看的才是生活。我们要把炽热的感情，留给未来那个能够陪伴自己一同走向生命终点的人，那才是我们的未来，才是我们的悲喜和欢忧。

而过去，就让它彻底成为过去吧。

可生活中总有些痴心人，他们想用各种方式去留住那个已经起了逃离之心的人。卑微入尘，委曲求全，甚至为了他，把自己变成一个连自己都不认识的但是合乎他心意的人。

可是，如果一个人真的想要抽离，你是阻挡不了的，也是挽留不住的。无论你做出什么样的牺牲，无论你变成什么样子，一定阻碍不了他要往别处走的步伐。其实感情破裂，并非一人之过，你没有错，甚至他也没有错，只不过是你们之间不合适。

就好像自然规律，人永远都阻挡不了成长，阻挡不了变老，你也永远阻挡不了两颗渐行渐远的心。而最悲哀的是，即使你已经倾尽全力做出改变，忘乎所以地把自己变成他喜欢的样子，而他却依旧视而不见，甚至把你当成纠缠不休的可恨之人，四处传扬你的死缠烂打，四处说你的无底线、无尊严。

青春年少的时候喜欢过一个姑娘，现在想来，也是用情至深的那种。青涩的年纪，没有生活压力，没有日常琐碎，也没有那么多需要负担的责任，所以感情异常纯粹。

那时候天真烂漫，总觉得喜欢一个人，如果她也恰巧喜欢你的话，那就是世界上最美好的事情。

幸运的是，一个眼神、一句话语，她真的就懂了，我们终究走在了一起。

但很多感情，都只有一开始热烈浪漫，我们之间也是一样。不久之后，我就逐渐发现，她并不像自己想象中的那样喜欢自己。

她冷淡，她心不在焉，她视而不见，她若即若离，甚至到了最后，连电话都懒得接，短信都不愿意回。我一直在想：是自己在这段时间做错了什么，还是哪个地方做得不够好，惹她生气了？

我问她，她没有回答。

我只是努力地回想我们之间在热恋期间说过的话、做过的事情。她说她喜欢什么样的男生，她希望自己的男朋友做什么她会觉得开心，还有她喜欢男生怎样的穿着打扮、怎样的生活习惯、怎样待人接物……

对于这些事情，我都很努力地去做，很努力地成为她心目中男朋友应该有的样子，虽然连我自己都不知道这样是否正确。

就在我按照她的想法、她的要求完美地改变自我后，我跟她说："我已经成为你曾经希望我成为的样子了，我们回到从前好不好？"

她站在我面前，很平静、很冷静，一点点情绪的波动都没有，就像是我们从来没有在一起过，就像我只是一个素昧平生的陌生人一样，她说："我知道你很努力，其实我也很努力想要回到从前，可是无论我怎样努力，我的内心、我的情绪就是回不到当初。后来我明白了，爱情从来都是没有标杆的，我之前所设想的种种，只不过是因为你没有，所以我向往，但是我发现，即使这些你都有了，我也没有一点怦然心动的感觉。所以，我是不爱你这个人了，跟你是什么样子一点关系都没有。"

分手之后，她很迅速地和另外一个男生在一起了。这个男生，并没有多特别，也并没有满足她之前对男朋友的所有想象，甚至她的那些要求，在他身上一丁点儿都看不到。但是，透过她看他的眼神，我看到了真正的眷念和爱意。

好些年后，我也遇见了另一个女生，我还是当初的我，还是平凡普通，还是内敛安分，姑娘也曾跟我说过她想象中男朋友的模样，要高大帅气，要幽默体贴，要勤勉上进……我感觉我好像什么都算不上吧，即使有算得上的，顶多也是勉强。

可是我们还是在一起了，而且一走就是好几年。

姑娘曾经跟我说："爱情真是很奇妙，来之前，对自己的另一半有诸多的条框设限，必须怎样怎样，一定不要怎样怎样。可是当我遇见你的那一刹那，我就在想，算了吧条条框框，算了吧标准指南，就是这个傻帽了。还不趁早下手，过了这个村也许就没那个店了。"

其实我心中明白，我只是一个十分普通又平凡的男生，不出色也不优秀，丢进人群里用放大镜都很难找出来。所以我感谢那些来到我身边爱我的人，我也感谢那个拿着双倍放大镜发现我身上少得可怜的一点优点的姑娘。

我还是那个自由随性、散漫平和的人，我还是那个有点慵懒、有点浪漫主义情怀的人，我也还是那个感性的文艺小青年。只是我明白，任何一段感情，都来之不易，所有能够坚持下来的，都经历过九九八十一难。

每一对情侣、每一对爱人、每一对夫妻，都是生死之交。

幸运的是，我不用把自己变成一个完全不同的人，也不用刻意去伪装什么。感情之道，有沟通协调，也有退让妥协，但最重要的是理解包容，这才是我们要努力去做的。

每个人都有自己独立的人格，有自己特有的个性。如果因为感情，因为另一方的要求，刻意地去改变自己、扭曲自己，其实是对自己的不公，也是对生命的不尊重。

如果因为一个人，把自己活成了另一副模样，从很大程度上来说，也并不一定能够得到对方的尊重和珍惜。人都是善变的，今天喜欢白玫瑰，明天又变成红玫瑰，说不定后天又喜欢百合……

而你，难道要随着他喜好的变化变成九重人格？

你这么妥协，这么卑微，这么容易让一个人的贪欲得逞，又怎么能真的期待他对你视若珍宝呢？

你就是你，原装正版的你最动人。如果因为一个人而改变了自己原来的样子，你也就少了一份生动，甚至会变得僵硬做作，而这样的感情大多数也难以善终。

就像一个朋友说的，你永远不要想着怎样去讨好一个人，也永远不要想着把自己变成他想要你成为的样子，因为如果有一天他离开你了，你会发现，你已经把自己弄丢了。

　　爱情是应该为对方着想的，也应该彼此包容理解，这样的感情才会长久。但是感情，不代表卑微，也不代表孰高孰低、孰卑孰贱。如果天平向一方倾斜，你就应该想到，你们中间一定是某个环节出问题了，而此刻最佳的解决办法，要么是努力纠正过来，要么是果断离开。

　　如果真的希望一段感情长长久久，你们之间，确实应该想着对方，但是也请一定不要忘了活成自己。

会示弱的人，才能成为真正的赢家

我见过太多人，包括我自己，都有一种莫须有的英雄情结。

我们害怕失败，害怕周围异样的眼光，害怕被看不起，害怕被淘汰。所以无论处在怎样的环境中，哪怕真的是四面楚歌，哪怕是山穷水尽，也不愿低下头来认输。

归根结底，所有不可一世的骄傲，都只不过是想要极力遏制内心深处羞于示人的自卑。

我认识很多真正优秀的人、真正有事业有名望的人，他们的眼中大多充满了平和与温顺，少了桀骜和乖张。而太多的年轻人，嘴里高喊着奋斗，高喊着拼搏，但真正敢在残酷的竞争中拼到衣衫褴褛、拼得头破血流的人，少之又少。而那些看似高昂实则毫无意义的高呼，只不过是虚张声势的自我欺瞒和心里暗示。

告诉自己，我不能输，我不能失败，我不能被人看不起，我不能沦为平庸之人。

智慧和成就往往是紧密相连的。智慧的人，才会隐忍，才会暗藏锋芒。所谓"十年窗下无人问，一举成名天下知"，十年的碌碌无为，十年的窗下苦读，十年的隐忍沉默，才能换得相应的成就。

我们年轻人总是太过着急，急于标榜自己，急于表现自己，也太急于想要得到天下人的追捧和赞同，所以不管以后如何，先把声势搞上去再说。可往往到了最后，都变成了虎头蛇尾，曾经的热血和激情也变成了众人茶余饭后的一个笑话。

殊不知，对于年轻的我们而言，对时光示弱，埋下高傲的头颅，俯身前行，也是一种莫大的智慧。

我有一个朋友，16岁不到，因为家庭变故，不得不辍学。父亲亡故，母亲带着7岁的妹妹改嫁，奶奶病重，任何一件事情，对于一个羽翼未丰的年轻人来说，都是一场浩劫。

奶奶去世前，拉着他的手说："你要争气，奶奶走了，你只能靠自己了。"

那一刻，他就明白，只有自己有能力了，才能挽留得住自己想要守护的东西，才能守护好一个家庭，才能给自己的亲人一个厚重的保障。

奶奶走了之后，他其实就是一个孤儿了。

　　他也害怕，他也孤单，他甚至绝望得想要去死。他恨自己为什么要生在这样的家庭，他恨人世不公，他也恨母亲冷漠地不辞而别，他甚至恨自己为什么没能快点长大至少能够赚钱给奶奶治病。

　　可是当他外出打工，经历了这个社会的磨难之后，他逐渐明白，其实这个世界上远比他悲惨、比他可怜的人非常多。

　　他不再恨自己的母亲，因为他知道，每个人都有追求自己生活的权利。他也明白，母亲一个人强撑着这个家庭，对她而言，也是一场灾难。她有向往自己美好生活的自由，虽然她抛弃了自己。

　　所以他也并没有尝试着去找她，去联系她。一是害怕打扰到她现在的生活，反而招来嫌弃；二是虽然不再憎恨，但是她决绝转身离开的场景依旧在他的脑中挥之不去，他没有办法做到心如止水。

　　辍学之后，朋友做过很多事情。他下过煤矿，在建筑工地当过泥水工，扛过水泥包，做过送奶工，也做过希腊餐厅服务员，跟着流浪歌手一边卖唱一边流浪过，还跟街头画师学过画肖像画，在丽江的银铺做过学徒，做过房产中介，甚至也进过传销组织……

　　但凡我能想到的职业，基本上他都做过。

　　和混日子的人不同，朋友每做一份工作，都是一年半载，觉得自己已经学到了想要掌握的东西时，就换一个职业，就去另一座城市。以至于不到二十岁，他的脚步已经踏遍了大江南北，领略了各种不同的风土人情。

　　朋友有个习惯，与其说是写日记，不如说是做笔记，每到一个城市，每做一份工作，他都会记下来，里面有各处的风景，有各处的习俗，有各处的民间故事，还有他工作上的一些流程和学习心得。几年的时间，他的笔记本已经积累了十二本。就算丢掉行李，丢掉钱包，这十几个笔记本也会一直待在他的身边，跟随他走遍全国的各个角落，而且越积越多，越积越厚。

　　外出讨生活的前五年，他一直过着一种清贫的朝不保夕的生活，但他没有为了赚钱而赚钱，也没有为了生活而生活。他几乎把自己所有的精力都花在了学习和积累上，那段艰苦又难熬的岁月，对于常人而言，异常难以支撑，可是他却坦然面对现实，默默地努力着。

　　没错，在这段岁月里，他只是一个微不足道的打工仔，只是一个被人看不起的流浪汉，只是一个吃了这顿没下顿的没有倚仗、没有依靠的孤独者。

　　可是，在他二十一岁那年，他拉来了好几个旅途中认识的跟他一样爱好行走的年轻人，众筹买了几辆木马人，然后开辟了几条鲜有人知的旅行路线，成立了一家旅游公司。公司上了轨道之后，他就独自离开，交给自己的小伙伴运营。

第二年，他从家乡带出来几个平常在工地做装修的农民工，自己注册了一家装修公司，四处奔走揽活，因为为人诚恳踏实，价格公道，装修时间迅速，业务量逐渐增多，一年多的时间，公司由一开始的四个人发展到了十二个人。

第四年，装修公司赚了点钱，他又离开了。自己跑到县城，开了县城第一家希腊餐厅。装饰典雅，价格平民，分量足够，加上上餐迅速，这个餐厅虽然说不上火爆，但是一到饭点，总是座无虚席。

......

直至今天，他的名下已经至少有五家公司。当初的旅游公司也初具规模，由一开始众筹的几台车发展到了现在的二十几台；装修公司每年的营业额也早就超过千万，纯利润在二十个点左右；餐厅也由县城开始开分店，一直开到了省城......

而他，不过只有二十七八岁，依旧是当初那副温和的模样，笑起来微暖憨厚，给人一种踏实简单的亲切感。每每说起这些事业，他依旧谦卑。总是笑着说："这些其实都不算什么，每个人只要努力，都会做到的，甚至会比他做得更好。"

其实我们都明白，并不是每个人只要努力就能够达到他今时今日的成绩，也不是每个人都能够在最桀骜、最浮夸的年纪里埋下头来苦心学习。就算资本浅薄，经验不足，也要千方百计地在别人面前表现自己。

我们生怕落后于人，生怕遭到别人的非议和嘲笑，生怕在别人眼中过得比他要糟糕。所以很多人，不管实际情况如何，总在别人面前尽可能地吹嘘自己。

我认识一个年轻的朋友，经营着一家空壳公司，月月举债度日，但在和人说起自己的事业时，总是侃侃而谈，说自己月入多少，年入多少，每年营业额有多可观。只不过是自己平常花销大，公司应酬多，所以开支也大。但正是因为这样，才显得公司多有发展前途，显得自己多有力挽狂澜的本事。

其实我们身边有很多类似的人，在说到工作事业时，总把自己说成全公司最独当一面的那个，好像那家公司少了他，就会运转不灵。可说到底，我们这个年纪的上班族，大部分还只是一家公司里可有可无的业务员或者办事员罢了，随时可能被人取代。而说到感情时，就更加浮夸，说自己身边有多少人追求，自己有多受异性的青睐，只是自己还不想谈感情或者说自己看不上……但其实，天知道你到底单身孤独多久了。

我一直认为，示弱在一定程度上是谦卑，对生命的谦卑，对生活的谦卑，对岁月的谦卑。如果一个人在自己没活明白的时候，就肆无忌惮地自我吹嘘，那么这个人一定不是一个脚踏实地的人，也一定不是一个能够看清楚自己处境的人，更不是一个了解自己和知道自己未来发展走向的人。

这样的人，不撞得头破血流又怎么会知道山外青山楼外楼？

会示弱的人，一定是对生命怀着莫大敬畏的人，也一定是一个大智若愚的人。

在一无所有的年纪，懂得示弱，并不代表萎靡，也不代表颓唐，那是一种收敛锋芒的积累，是一种暗藏破局之力的沉淀。待到时日成熟，击中机遇的咽喉，终会一朝成名天下知。

夸夸其谈，虚度光阴，未有其实力就先露其锋芒，这样的人是不会成为人生赢家的。

你可以不世故，但别忘了可以适当方圆有据

村里有个疯老头，爱喝酒，喜欢吃肉，天气好的时候喜欢四处溜达，时不时在半山腰吼一嗓子，语调激昂高亢，给人一种热血沸腾的感觉。

疯老头有个怪癖，看到小孩就和颜悦色，看到大人就骂骂咧咧；看到陌生人就上去嘘寒问暖，看到熟悉人就啐口水翻白眼。

所以老头虽然疯，但我们小时候都喜欢找他玩，因为疯老头总是变戏法一般从家里掏出各式各样的糖果来，那都是他两个在县城当老师的儿子平常回家买给他的。而这些糖果，都是我们童年时的最爱。

疯老头生活能够自理，而且浑身上下也拾掇得干净利落，乍一眼看过去，根本不像一个疯子，而是一个性格孤冷的老爷爷。

疯老头很少和村里人来往，有人从在他家门口走过，他也会

骂骂咧咧，很多人为了避讳晦气，逐渐都绕道而走，他家门前的小路也开始杂草丛生。

小时候问大人，为什么老头会疯，为什么他总是对村里的人抱有一种莫大的敌意？

奶奶被我们问烦了，说出了那段二三十年前的往事。

那时候家家户户都十分贫穷，大家都是吃了上顿没下顿，往往还没开春，家里就断粮了。所以那个时候，粮食对于农村人而言，和命同等重要。

疯老头年轻的时候是大队干部，脾气刚烈倔强，为人正直不阿。那时候大队记公分，干得越多，公分就越多，得到的口粮也就越多。村里有很多老弱病残，老头从来都是一视同仁，对谁都不偏不倚，面对家境再贫寒的人家，也不愿意稍微网开一面。

土地承包到户之后，大家生活逐渐好了起来，但仍然还有好些人家因为劳动力缺乏，过得十分贫寒，老头身为村干部，开始有意无意地帮衬一下。对于村里那些自私自利、爱耍心眼的干部，以及一些走歪门邪道逐渐小富起来的家庭，老头从来都是横眉冷对。所以在很多人眼中，老头冷酷不好相处，执拗迂腐。

甚至有个村干部作风不正，疯老头跑到镇上实名举报，结果这件事最后还是不了了之；老头不服，又跑去县城举报，奔走了好长一段时间，还是没有任何进展。可让人意想不到的是，老头的村干部第二年就做到头了，甚至还被带走问话，拘留了好几天，最终可能因为没有实证，被放了回来。

老头和村里几乎所有的人关系都不算好，哪怕是他曾经照顾过的贫困户，可能因为他太过执拗，太过苛刻。有些人是不敢接近，而有些人则是不愿意接近，还有些人是刻意打压。

后来，老头的小女儿突然病重，那时候他的两个儿子已经一个读高中一个读初中了，家里一贫如洗。老头开始挨家挨户地借钱筹措治病费用，磕了很多的头，流了很多的眼泪。可最终，愿意借他钱的，不过寥寥几户人家，那点钱远远不足以去治好他女儿的病。

不管疯老头多尽心尽力，他最爱的女儿最终还是走了。

没过多久，老头就疯了。

奶奶说，疯老头就是脾气差了点，性子强硬了点，得罪了太多的人。如果当初他不是实名举报，只是写一封匿名举报信的话，也不至于在后来遭到打击报复；如果当初他对村里人不那么严苛、那么死板的话，估计他女儿的命能保住也说不准。他是个好人，但就是太认死理儿，最终害了自己，也害了自己的女儿。

奶奶讲这件事的时候，我还是个小孩，脑中出现的是一个刚正不阿、严谨诚恳、心怀慈悲但是面容冷酷的高大青年模样。那时候的我，甚至有些崇拜这样的人，也对他的遭遇感到十分不平。

长大以后，经历了社会的种种，终于明白，其实疯老头就是一个十分纯粹的人，一个循规蹈矩但是又心存良善的人。他不懂应酬，不懂圆滑，不懂得和人有关的一切人情世故，他就按照最有原则的方式去和人接洽，哪怕有些原则非常冷酷。我尊重那些耿直、有原则的人，因为社会上这种品质已经越来越稀少，但是我又替老头惋惜，感叹他为什么不能稍微变通一下，对人不要那么严苛。

其实从内心深处，我一直都喜欢和坦荡直率的人打交道，见到油滑之人总觉得心头像是梗了一根刺。和油滑之人相处总是要小心翼翼，说话也要注意措辞，开个玩笑更要谨小慎微。而我自己，本身就是一个不善交际的人，说话做事，向来都是想到做到，不会婉转，不会迂回。身在其中，也深受其害。

虽不能说生命中遇到多少小人、被多少人出卖背叛过，但是被人在身后中伤却是有过几次。

因为经历过，虽然依旧学不会，但总算明白，方圆有据并不代表要油滑，也不代表要多世故，那只是一种恰到好处的交际方式。

比如，就算很讨厌一个人，也不应该在别人面前表露出你的厌恶；而当你帮不了别人不得不拒绝的时候，也不要冷冰冰地一口回绝，而是要设身处地地站在他的角度表示你的遗憾……

记得之前有个朋友说过，每次手下员工工作不得力的时候，他都很想大发雷霆，直接让他滚蛋。但是越是这个时候，他越是需要冷静。于是他把这个犯错的职工叫到办公室，先是严厉地批评一顿，然后要找出犯错误的原因，总结经验教训，最后还得安抚一番，说批评他是对事不对人，让他以后继续努力。

如此一来，既让员工认识到了错误的严重性，也找到了出错的前因后果，最重要的是，让员工知道领导以后不会对他产生偏见，相信他能把事情做好。这样，员工也会感到你是一个比较客观的领导，遇事沉得住气、不冲动。他以后工作起来会也更加尽心尽力，小心谨慎。

这个世界向来都不是非黑即白的，还有很多灰色地带。我们为人处事，也并不是所有的都应该条条框框，还有曲线路径可走。太生硬，往往受伤的是自己，而柔和一点，很可能就事半功倍。

只要我们不是活在童话世界里，就会有很多事情需要我们灵活应对。我们本身就处在一个人情社会，复杂的一面总该要学着去适应。更何况，有些世故，在世人的眼中，只不过是一种礼节。

朋友是不会为难你的，为难你的一定不是朋友

　　莎士比亚曾经说，朋友间必须是患难相济，那才能说得上是真正的友谊。你有伤心事，他也哭泣；你睡不着，他也难安息；不管你遇上什么困难，他都心甘情愿和你共同分担。

　　很多人说，朋友之间的感情，更淳于亲情，更长久于爱情，同时也更豁达于一切其他的感情。

　　我们有很多的情绪，或许不愿意与父母说，也不想告诉自己最爱的人。而这时候，朋友就是你身边唯一的听众，也是你宣泄情绪的垃圾桶。

　　朋友也分好几种，泛泛之交，就是见过几次面，勉强算是熟识的人，再见的时候不会太拘谨、太约束；酒肉朋友，就是经常混在一起，喝酒吃肉吹牛皮，吃饭唱歌聊八卦的那种关系；知己好友，是那种一个眼神一个动作，就能知道对方的下一句话、下

一个动作，或者能够看穿彼此心事，又能互相取暖、互相依靠的那种关系。

我们身边会有形形色色的人走过，在每一个阶段，都会有人来到身边，成为新朋友，也会有人走开，慢慢变成路人。可是总会有那么一两个人，即使再久不联系、不见面，只要一个电话、一条短信，就能奋不顾身来到你身边。

那些逐渐变得生分、变得陌生的人，或许就是泛泛之交和酒肉朋友吧，而那些能够一直陪在你身边，彼此安慰、彼此温暖的人，才是真正意义上的知己好友。

其实感情的事情是十分微妙的，无论亲情还是爱情，或者是友情。泛泛之交的朋友说不定有朝一日也会成为掏心掏肺的知己，而曾经的知己好友也说不定哪天就变成了路人，甚至反目成仇。

但是无论如何，在和人的交往过程中，我们都需要知道，如果一个人肆无忌惮地麻烦你，肆无忌惮地在你身边索取感情，那么即使再亲密，也终会有一天成为路人。真的朋友，就像是情侣一样，处处为对方着想；而那些在你身边不断索取的人，其实只不过是打着朋友的幌子，一直在利用你的价值罢了。

真正的朋友，是不会为难你的；那些为了达到自己的利益，不断为难你的人，绝对不是真心的朋友。

记得之前有个读者在公众号后台给我留言，说的就是她和她闺蜜的故事。

悠悠和闺蜜是高中同学，高三那年，她们同桌，因为兴趣爱好差不多，也因为成绩不相上下，又都向往同一所大学，慢慢地就成了很好的朋友。

悠悠说，其实他们俩的性格是截然不同的，她自己活泼开朗，和所有人都自来熟，而闺蜜是那种特别娴静、特别人畜无害的性格。她不知道为什么性格反差这么大的两个人，会成为所谓的闺蜜。或许是因为高三学习压力繁重，彼此身边又没有真的能掏心窝子说话的人，最热烈的年纪，有着最繁盛的心事，所以两个人变成同桌后，内心也开始靠近。

闺蜜心态很不好，对待考试得失心太重，所以几乎所有的大考都会发挥失误。那时候刚好评省三好，当年省三好高考是会加分的。他们整个学校就一个名额，而她们俩又是最有可能获得这个名额的竞争者。

一次模考，闺蜜再一次发挥失常，一连几天，只要空闲下来，就坐在一边发呆流眼泪。

有天晚上，闺蜜突然泪眼婆娑地跟悠悠说："悠悠，你成绩一直十分稳定，考X大应该没有什么问题，可是我就不一样了，有时候好有时候差，如果加分，也许考X大就有七八成把握了。我知道这样的要求有点过分，有点不近人情，但我们是最好的朋友，而且我真的十分需要这个加分，要不你就弃权让给我吧。"

　　悠悠看到泪流满面的闺蜜，有些于心不忍，虽然这个名额关乎自己前途，但为了她们之间的友谊，真的就把名额让给了她。

　　高考时两个人都发挥得不错，闺蜜和悠悠一同考上了X大，再次成为同学。

　　悠悠有时候甚至庆幸，当初把名额给了闺蜜，不然说不定两个人会因为那件事情闹得朋友都做不了。而现在，一切都刚刚好，他们都考上了X大，而且还在一起，还是当初的好闺蜜。

　　大一的生活丰富多彩，有各种聚餐、晚会、社团，两个小姑娘因为一下子脱离了高中的桎梏，幸福得整个人都要飞起来了。悠悠长得还不错，交际能力又十分强，为人和善大气，身边一下子就有了一群朋友，甚至收到了学长或者同级小男生递过来的情书。

　　其中有个学长，从一开学，就对悠悠各种照顾，平常有事没事鞍前马后地跑着，领着她在这个还不算熟悉的城市里到处游玩。学长阳光帅气，悠悠也开始对他有了好感。可能因为悠悠经常和闺蜜在一起的缘故，学长每次来找她，都会和闺蜜打声招呼，一来二去后，两个人也开始熟络起来。

　　其实，身边的所有同学都清楚，学长在追悠悠，而悠悠也对学长也有好感。只是两个人都还有些小孩子气，谁都不率先去捅破那层窗户纸。闺蜜和悠悠经常玩在一起，自然也清楚她的那点心思。

可是，就在一次周末聚餐的晚会上，闺蜜唱完一首歌，开始对着学长款款表白，她说她喜欢他，第一次见面的时候就喜欢上了。她说她自己内向，从来不敢袒露自己的心声，但是为了他，她要主动向他告白。

悠悠坐在黑暗的角落，哭得眼圈通红。

学长拒绝了闺蜜的表白，说自己已经有喜欢的人了，这个人不是闺蜜。

事后，闺蜜跟悠悠说："我知道你也喜欢学长，但是我对学长是爱到骨子里的那种，我不能没有他。你那么漂亮，那么开朗，得到那么多人的喜欢，身边有那么多人围着你打转，所以即使没有学长，你也可以有一个很优秀的男朋友，有一份令人羡慕的感情。但是我不一样，我很难喜欢一个人，很难迈出一步，但是为了学长，我愿意不要那些矜持和自尊。"她希望悠悠放弃学长，成全自己。

悠悠十分难过，省三好的名额她可以不要；平常两个人逛街看到漂亮的衣服她也可以让给她；买到好吃的也可以让她先吃；出门坐车时知道她喜欢看风景，靠窗的位置也可以让给她。可是，感情的事情，要怎么让？

　　但是悠悠还是让了，后来学长来找她，她刻意回避不见；学长给她打电话，她也故意不接；学长给她发短信，她说自己在忙……

　　甚至为了回避他，悠悠没多久就答应跟另一个男孩子在一起了，虽然她只是把他当朋友。

　　学长最终还是没能跟闺蜜在一起，他说他做不到退而求其次，他不喜欢闺蜜就是不喜欢，她再努力他还是不喜欢；即使悠悠回避他，刻意躲开他，他还是愿意等。

　　一年之后，在学长的努力下，他和悠悠最终还是走在了一起。

　　而这时候，悠悠和闺蜜之间，早就横生了罅隙。

　　他们再也不会一起出去疯玩，再也不会结伴一起回家，再也不会两个人一起躲在被窝里挠痒痒，不会抱在一起互相安慰，不会在夜深人静的时候说些不为人知的悄悄话。

　　悠悠甚至有好几次，听朋友说起，闺蜜背着她在人前说了她很多的坏话，说她高中时的糗事，说她怎样不择手段，说她如何自私自利，说她看起来大大咧咧，其实很有心机……

　　一开始，悠悠很难过，难过那么好的闺蜜，怎么突然间就变成了现在这副模样；难过她们之间那么美好的感情就这样再也回不去了；难过闺蜜一下子就变了一个人，变成了一个颠倒黑白、不分是非的人。

可是随着时间的拉长，即使听到这些流言蜚语，她也是一笑而过，再也没有任何情绪。因为她对她早就开始由失望到绝望了，再也没有当初的怜惜和珍重，甚至面对面走过，她也毫无任何情绪波动。

悠悠说，这也许就是感情最悲哀的地方吧，爱情是，友情也是，在一起的时候轰轰烈烈，离开的时候互相敌对，形同陌路。

其实悠悠说的这个故事，从一开始，我就觉得，她们之间是那种极不相称、极不对等的朋友关系。就好像一对情侣，一个在拼命付出，而另一个则在想尽一切办法索取，甚至在遇到涉及人生前途这等大事的时候，也要让朋友做出牺牲。

至于生活中的那些点点滴滴，悠悠没说出来，但是我们可以想象得到，一定是一个大大咧咧，一个心思缜密。以至于到了后来，在遇到喜欢的人时，她才敢那么肆无忌惮地去伤害那个一直包容自己的朋友。

因为她知道，她一定会让着自己的。而一旦事情的发展不称心如意，她就开始调转枪头，肆意诋毁，恶意中伤那个曾经的好姐妹。

在生活中，我们总能遇到类似的人。他们从一开始和你保持朋友的关系，或许并不是真的觉得你这个人有多合他心意，而仅仅是因为你比较好利用而已。

朋友，从来都是雪中送炭的，那些一边说着冠冕堂皇的话一边肆意在你身上揩油水的人，真的不是朋友，他们只不过是一群为了自身利益心怀叵测的人罢了。

他都好意思麻烦你了，
你为什么不好意思拒绝他

朋友陈哥前几天晚上找我出去喝酒，我原以为有什么事情相告。

没想到一坐下来，他就一言不发地独自一个人喝闷酒，两眼无神，脸上全是疲惫和焦躁。

我问他发生什么事了，一开始他不说，说就想找我出来陪他喝喝酒。我说："你什么都不跟我讲，坐在对面猛灌自己，你今儿就是把自己灌死在这儿，事情还是没法解决，明天一早醒来，烦恼依旧还在。何不说出来，说不定我能帮上点什么，即使帮不上，倾诉出来也比自己一个人闷在心里强。"

几杯酒下肚，酒精上脑，陈哥的话匣子也逐渐打开了。

原来前几天陈哥和老婆吵架了，吵得很凶，连离婚这样的话都说出来了。

陈哥和陈嫂一直以来都是我们朋友圈中的模范夫妻，两个人结婚五六年，依旧恩爱如初，出去逛个街，也是手牵着手，说说笑笑的。当着我们朋友的面，也从来不忌讳，恩爱得像是一对还处在热恋期的小情侣。

陈哥是个好男人，每天下班之后，都会陪着陈嫂一同去菜市场买菜，帮她提包，陈嫂有什么喜欢吃的，他总是特意买回家；而陈嫂也是我们大家都称赞的贤妻良母的典型，从来都是温柔贤淑的模样，对陈哥外面的应酬一般不过问，偶尔看到他回家时醉醺醺的样子，更多的不是生气，而是心疼，因为她知道，这个男人是为了这个家透支着自己的健康和青春。

小夫妻偶尔吵架，纯属司空见惯。有人说，同在一个屋檐下生活，每对夫妻在一生中，都有无数次想要掐死对方的冲动；但也有无数次，觉得此生所遇良人，感谢命运的恩赐。

可是我想象不到，像这么恩爱的一对小夫妻，会因为什么事情居然吵到要离婚的地步，这完全不符合他们俩在我们朋友当中的人设。

陈哥把吵架的来龙去脉说了出来。原因是他们单位有个和陈哥年龄相仿的单亲妈妈，住在他们后面小区，因为平常他们上下班的路段很堵，所以有好几次，那个单亲妈妈因为公交车延误迟到了，被领导骂了倒没什么，只是每次迟到他们都要罚款，而且数目还不小。

偶然间，她知道陈哥就住在离她家不远的小区，就央求陈哥平常上班的时候捎她一程，她给出一半的油费。考虑到会有人说闲话，也怕陈嫂知道了生气，陈哥本不想答应，但是又想到一个单亲妈妈带着孩子不容易，就答应了下来，油费自然也不会真的向她要。

不捎还好，自从陈哥捎上她之后，那个同事下班的时候也提出了搭便车的要求，说是急着回家给孩子做饭。

陈哥大好人一个，对于别人提出的要求，即使觉得有些为难，但顾及面子和情分，只要能办到的，也就应承下来。

这一接一送，一开始陈嫂不知道，倒还相安无事。有一次，陈哥送那个同事到小区门口的时候，被陈嫂的一个闺蜜看到了。她把这事立马就告诉了陈嫂，陈嫂一开始也只是笑笑就过了，因为她太了解她自己的先生了，就是老好人一个，偶尔帮别人一次两次，太正常不过了。

可是没多久之后，陈嫂自己在小区门口亲眼看到陈哥的车从马路上一闪而过，而副驾上坐着一个姿色还不错的女人，看得出来，那个女人在和陈哥说话的时候还笑得一脸灿烂。

陈嫂真的生气了，当陈哥一回到家，就质问他，陈哥也老实，就把这一个多月来接接送送的事情全部坦白了。陈嫂一开始还以为只是偶尔方便，顺便搭个车，没想到这一个多月以来，陈哥每天早十分钟出门，晚一刻钟回家，居然是去接送别的女人，当即就气炸了。她说："今天是坐你副驾，明天是不是要睡你旁边了？"

陈哥则觉得自己问心无愧，光明坦荡，根本就没有过其他想法，只不过是同事之间，刚好方便，顺便就帮人一把。更何况人家开口求了，自己也不好意思拒绝，而且人家一个单亲妈妈无依无靠的，帮上一把也是理所应当，不帮才显得有些冷血无情。

两个人就因为这件事越吵越凶，越闹越大，以至于到了陈哥跟我所说的，陈嫂都说出要离婚的话来。

看着陈哥耷拉着脑袋、一副无精打采的样子，我心里明白，陈哥绝对不是朝三暮四的人，他爱陈嫂都来不及，哪有心思出轨？只是因为脸皮太薄，对别人的请求不好意思拒绝。但是站在陈嫂的角度，她是绝对有理由生气的。

试想，自己的先生，每天早上兴致勃勃地起个大早，开着车跑到另一个小区去接一个和他一点关系都没有的女人；然后每天下班之后也不是第一时间回家，而是要先送别的女人回家。在别人眼里，这根本就是别人的老公。即使她相信陈哥的清白，但是这么频繁地接触，再纯洁的感情也变质了。

何况，没有人会真的相信，一个男人每天接送一个女人上下班，真的单纯地出于好意，而不是有了私情。

一个女主人，是绝对不会允许自家的副驾上有第二个女人出现的。因为一旦副驾上坐了别的女人，会让她觉得，自己在这个家中的位置已经岌岌可危。所以，以陈嫂那么温婉的性格，也忍受不了这样无私的所谓帮衬。她生气完全没有半点过错。

我把自己的想法和陈哥说了一遍，陈哥也表示理解，他理解陈嫂的勃然大怒。但是他觉得，人家一个女人，既然厚着脸皮说出了自己的请求，他真的不好意思拒绝。

其实，那个同事，她怎么可能没有想到陈哥每天的接送会引起同事们的议论？她怎么可能没想到这件事情一旦被陈嫂知道会让陈哥家庭不和谐？她怎么可能没想到自己这样麻烦一个有妇之夫会给人家造成困扰？

她既然都知道，还乐此不疲。那就只有两种情况，一是这个人十分自私，丝毫不顾及别人的生活，只图自己方便；另一种可能就是，她真的喜欢陈哥，所以不惜用这样的机会去接触他，去营造属于他们的二人世界，甚至还有可能故意彰显给陈嫂看，引发他们的矛盾，给自己创造可乘之机。

可是这两种可能，无论哪一种，都不值得陈哥为了她去冒这个险。如果她是个自私的人，以陈哥老好人的性格，根本就不应该和她打交道；如果她是真的想要插足陈哥的感情，陈哥那么爱陈嫂，就更不应该跟她接触。

几瓶酒下肚，陈哥开始有些醒悟，但是仍然觉得不好意思说出拒绝的话。他说，大家同事一场，这样子会弄得很尴尬、很难堪。

我笑笑说："你就给自己壮个胆儿，对自己说一句话：'她都好意思老是麻烦自己了，自己为什么还不好意思去拒绝她？而且自己已经帮了她这么长时间了，也算是仁至义尽了。'"

其实，拥堵和迟到根本都不是麻烦别人的理由。怕迟到，自己可以每天早点起床，搭早一班的公交；怕拥堵，甚至可以租一个离公司近一点的房子。这些事情完全不用任何人帮衬就能解决掉的，可偏偏要去麻烦一个和自己毫无关系的人，而且打算长期麻烦下去。这样的人，要么就是贪图小便宜，要么就是居心叵测。有什么值得一直帮衬的？

记得大学的时候，有个同学老是窝在宿舍打游戏，白天睡觉，晚上通宵。舍友们其实都已经受不了他了，但是一群大男生，除了偶尔提醒两句，也没人真的去和他争执。

这个同学，不但平常不去上课，连吃饭都懒得下楼。所以每次吃饭的时候，总让我们给他打包上来，把宿舍弄得乌烟瘴气。

有一次，舍友A跟女朋友吵架了，正在气头上。吃饭的时候那个同学又让A帮忙带外卖。A回来的时候，说自己给忘了。

那个同学睡眼惺忪地看着A回宿舍，却没给他带饭，就在床上抱怨："让你带个饭，顺手的事，也不愿意，算什么同学朋友啊？"

A当即没控制住脾气，脱口而出："对，我就是故意不给你带的，怎么着？你都好意思厚着脸皮一天天地麻烦我了，我凭什么不能拒绝你？你看看你，每天晚上不睡觉，玩游戏看片，还开外音，你不上课不学习，我们要上课、学习啊！你都好意思天天打扰我们了，我们凭什么还要一天天地惯着你？"

没多久，这个昼伏夜出的同学就识趣地搬走了。

其实很多时候，对于那些特别厚脸皮的人，越是老实、越是不好意思拒绝，他越觉得你的便宜好占，指挥起你来，也丝毫不手软；可是当有一天，你当着他的面严词拒绝了，他反而识趣了，甚至还时不时地端着笑脸跑来巴结你一下。

对于那些没原则不怕麻烦别人的人，帮忙一定要谨慎。因为很多时候，你一客气，他就不客气了。

他都好意思麻烦你了，你为什么不好意思拒绝他？

真正的感情，是可以共患难同甘苦的

上周有个晚上刷朋友圈的时候，无意间看到芊姐发的一条状态：十年感情，终止于斯。

配图是一个绿色的小本本。

是的，芊姐离婚了。

状态下面，是所有好朋友的鼓励和安慰。芊姐没有回复，只是过了不到十分钟的样子，又发了一条状态：十年来，很少睡过一个好觉，今晚早点睡，睡到自然醒。

可以看得出来，其实芊姐并没有我们想象中的那样难过和沮丧，相反地，让人觉得有些平静。或许是他们之间的那段感情，让两个人都觉得有些累了，所以选择放手，给彼此一个海阔天空。

我们谁都想不到，芊姐和清哥会走到离婚这一步。因为他们这一对儿，在几乎所有人的眼中，都是恩爱夫妻的典范。

清哥脾气温和，做事踏实，不急不缓，为人也算老实憨厚；芊姐性格急躁，风风火火，说话做事从来都是想到做到，绝不拖泥带水。

两个性格完全相反的人，一张一弛，真的相处起来，其实也十分融洽。十年前，我还是一个稚嫩少年的时候，芊姐和清哥也是刚出茅庐的热血青年。一无所有却又朝气蓬勃，那时候他们彼此依恋，眼中充满了对未来的美好期许。

芊姐性格直爽，心直口快，脾气急躁，很容易得罪人，但是每当见到清哥，整个人就柔软了许多。那时候朋友们经常笑她，说她每次只要一见到清哥，头上就开始发出光圈，像是一个温柔的圣母。

清哥性格温吞，仿佛除了他的工作、事业、理想，对什么都提不起兴趣。可是只要和芊姐待在一块儿，他就幼稚得像一个小孩，但是又多了几分体贴呵护。

那时候，我身边有很多小年轻，他们要么闹分手，要么闹离婚，为了些鸡毛蒜皮的小事情吵得不可开交，甚至以反目收场。所以，芊姐和清哥的爱情就成为我的榜样。我想我以后一定要有一份像他们那样的爱情，相依相守，相扶相撑。做不成神仙眷侣，也要在凡世间做一对有情有义的深情伉俪。

当我毕业之后，真正长成了大人，听他们俩说起这些年的经历，才更觉得他们之间的感情有多难能可贵。以前，只知道喜欢一个人就要和她厮守在一起，等真正长大后，才逐渐明白，原来感情也需要负担未来，负担生活的柴米油盐。我们不可能一直停留在风花雪月的年纪，每成长一步，肩上的负担就更重一分。

清哥和芊姐是在2010年左右开始创业的。清哥辞掉了工作，找上几个朋友，在深圳租了一个房间，注册了一家公司。那时候，他们身上其实并没有富余的钱来支撑他们研发产品，开拓渠道，他们很可能在产品的研发阶段就弹尽粮绝，也有可能真的就压死在了产品出库的前一个晚上。

可是不管多艰难，芊姐还是义无反顾地支持清哥。她把自己所有的薪水都给了清哥，用来支撑公司的运转。那段时间，他们两个人都很忙，清哥忙着创业，忙着产品，经常在办公室一待就是几天几夜；那时候的芊姐为了多赚点钱，白天上班，晚上还偶尔做兼职的家教工作，以贴补家用。

芊姐去清哥办公室看他的时候，看到他眼窝深陷，眼睛里布满了血丝，黑眼圈都快掉到下巴了，而且头发凌乱，胡子长得浓密而杂乱。她当下就心疼得掉下了眼泪。芊姐甚至劝清哥放弃，说不需要什么大富大贵的生活，只要两个人健健康康地在一起就好。

可是清哥倔强，他说，既然你跟了我，我就一定不会让你一直过这种苦日子。

不是特别忙的时候，他们还是会抽出一两个周末的下午，手牵着手去菜市场买菜，然后一起回家做饭，芊姐洗菜，清哥掌勺。然后一边吃饭，一边窝在沙发里看电视，看到搞笑的镜头时，两个人笑得像孩子一样。

虽然不会跳舞，但是偶尔他们也会打开音乐，两个人在不足三十平方米的租房里装模作样地乱跳一通。

芊姐时常回忆起那时候的生活，嘴角还是会不经意地扬起一丝幸福的微笑，她说："我是真的怀念那时候的我们，虽然清贫，但是过得踏实安稳。虽然身无长物，但是心中都牵挂着彼此。"

清哥用了不到八个月的时间，就赚到了第一个一百万，还清借款，给双方父母拿了点钱，除去各项开支以及合伙人的分红，还剩三十万，他们俩付了一套房的首付。

原本以为，公司会越做越大，日子也会越来越好。可是谁都没想到，第二年，清哥就遇上了骗子，一单生意下来，亏了70万。合伙人一下子全走了，公司面临倒闭。最后两人合计了一下，咬咬牙，把刚买不到半年的房子卖了，不过，这还是不够填补这个亏空，芊姐只好厚着脸皮跟亲戚朋友借了近20万，才勉强保住了公司。

清哥因为那个打击，差点一蹶不振，整日颓唐，浑浑噩噩，之前的干劲和锐气一下子就消失得无影无踪。芊姐辞掉了工作，一边照顾清哥，一边开导他、鼓励他，一边还要帮着处理公司的杂事。

几个月后，昔日的清哥逐渐回归，芊姐也没有重新找工作，干脆辞职待在他们自己的公司里。因为经济实在拮据，两个人搬离了那间小公寓，住到了地下室。搬进去的那天，清哥抱着芊姐，眼泪大颗大颗地往下掉，一直在她耳边说："对不起，对不起……"

其实芊姐并不怪他，相反，她觉得这个男人已经经历了太多的辛酸，已经吃过太多的苦，已经为自己、为他们的将来付出得足够多了。

芊姐性格爽朗，在做市场上很有天赋，加上清哥的不懈努力，他们的公司又逐渐起死回生，境况慢慢好了起来。年底的时候，他们又招了三个刚毕业的大学生。

因为有过前车之鉴，清哥在往后的业务中更加谨慎周到，为人处世也逐渐变得方圆有据。短短两三年的时间，经过他们夫妻二人的共同努力，公司已经逐渐走上了轨道，员工也达到了四十几人。

他们买了新房，买了两辆新车，搬出了那个阴暗逼仄的小地下室，住进了高档小区。但也正是这两年，随着公司逐渐做大，业务量逐渐增多，两个人的工作也变得越来越繁重，开不完的会，出不完的差，一周下来，两个人说过最多的话就是在会议室里。

最糟糕的是，随着经营理念的分歧，两个人的争执由工作转变到了家庭的琐碎。要么不回家，要么一到家，两个人就无休止地争吵。

更加令人不可置信的是，看起来老实憨厚的清哥居然开始明目张胆地和女下属勾三搭四，一开始可能还顾及一下芊姐，到后来竟变得肆无忌惮。

无休止的争执吵闹延续了两年多，两个人都精疲力竭，也由一开始的惺惺相惜、情深义重逐渐变得漠不关心、冷血薄情。

芊姐跟我喝茶的时候说："如果早知道财富、名利和地位，会让一段感情变得如此狼狈，会让一个人变得如此不堪，她真的宁愿当年没有这些所谓的奋斗，她也宁愿当年自己没有这么义无反顾地支持他的创业。"

都说共患难容易，同富贵难。这句话不光在亲戚朋友中适用，就是在一对原本看起来恩爱有加的夫妻当中，也是屡试不爽。

产生这样的局面，或许不是一个人的错，也或许两个人都没有错，只是因为情境不同了，所以心境也发生了变化。当年贫困潦倒的时候，两个人同心协力，想要一同渡过难关，想要一起完成当初许下的愿望。

可是一旦走出困境，两个人的目标都实现了，两个人同心协力的方向也就消失了，于是心理也就开始逐渐疏远。更何况，在利益和金钱面前，很少有人会抵抗得住诱惑。

但其实，这些所谓的感情，都不能称为真正的感情，说白了，也许只是两个落魄的人搭伙在一起，企图改变现状，企图共同完成彼此的心愿。当这个心愿达成了，两个人在一起时的情义也就开始变淡了。

其实身边还有很多人，一开始也是穷困潦倒，他们一起经历了种种常人所不能坚持的苦楚，到最后，终于守得云开见明月。可这时候，他们之间并没有因此而产生嫌隙，反而更加珍惜彼此，更加珍惜现在，因为他们明白，现在所有的一切，都是通过两个人的共同努力得来的，来之不易。

这才是真正的感情，不管富贵与贫穷，不管健康或疾病，都愿意相携与共，不离不弃。穷，点灯说话，熄灯做伴；富，一起海阔天空，一起海角天涯。

你有多大度，他就有多跋扈

张爱玲曾经说过，爱上一个人，就会把自己放得很低很低，低到尘埃里，但心里是欢喜的，从尘埃里开出花来。

我们都有过很爱一个人的经历，所以每个人几乎都有低入尘埃的这种感受。不管你人前多闪耀、多优秀、多讨人喜欢。但是在爱的人面前，你总会不自觉地认为他就是你生命中的神祇。爱入骨髓，也就会顾及很多。

你会在意，今天的这身衣服是不是他喜欢的；今天的发型，有没有让他眼前一亮；今天的妆容，是不是精致得让他心生欢喜；今天说的这些话，有没有让他不高兴；今天的某些举动，是不是会让他觉得不那么得体……

在感情里面，我们所有人都一样，陷得越深，越变得不那么自信。或许在遇到挫折、遭遇冷漠、受到伤害的时候，我们也曾安慰自己："我这么优秀的人，即使没有他，也会遇见更好的人。"

可是只有我们自己知道，夜半无人的时候，你还是会难以忍耐刻骨的思念，难以忘却曾经在一起时美好的点点滴滴。

你知道，你的自信、你的骄傲、你的天时地利，骗得了别人，却骗不了自己。

他再怎么不堪，也是你窗前的白月光。

可是感情最让人觉得吊诡的是，付出和回报往往会成反比。付出越用力的人，到头来，就是被伤害得越重的那个人。

感情中，举重若轻的那一方，仿如家中最得宠的那个幼子，无论怎么胡闹，总会有人护着爱着，即使犯了错，也还有哥哥姐姐们顶着。所谓恃宠而骄，形容感情中被偏爱的那一方最得体不过。

我有个关系还不错的读者，因为同在厦门，一起吃了几次饭，就成了很好的朋友，我叫她小粒。

小粒和我同岁，算一个精致的小美女，穿着时髦，打扮前卫，连妆容都是市面上最流行的款式。

小粒是典型的南方女孩儿，时而俏皮可爱，时而温婉贤淑，只一面我就对这个小姑娘有种莫名的好感，但纯粹是朋友间的那种好感。而我女朋友，跟她只是吃过一次饭，逛过一次街，就成了无话不谈的好闺蜜。

　　小粒就是这样讨人喜欢的姑娘，至少在我们眼中是。我一直认同，长得好看的姑娘，这个世界都会对她温柔许多。更何况是像小粒这样聪慧过人，又兼具美貌的好姑娘，一定是很多男生心目中只可远观的女神。

　　而小粒也如同我们想象的一样，整天笑靥如花，开朗阳光，仿佛正在享受着整个世界对她的善意。

　　前不久的一个晚上，女朋友正在写东西，突然接到了小粒的电话，电话那头，她哭得十分伤心，话语也上句不接下句，断断续续的，时不时还发出呕吐的声音。

　　在我的印象中，小粒从来都是以太阳女神的模样出现在我们眼前，我根本想象不到她也会有如此难过、狼狈的时候。

　　我们接到她的时候，小粒坐在KTV楼下的垃圾桶旁边，一个人在那里吐得天昏地暗。我过去搀她，她微微抬头，满脸的泪水、破碎的表情，和我平常所见到的小粒完全判若两人。看到她那么难过，作为好朋友，我忍不住一阵心疼。

　　我们原本想送她回家，她吵闹着不肯，吐了一阵后，清醒了一些，对我们说："恺哥，蓉蓉，不好意思，这么晚还打扰你们。可是我……我真的不知道要找谁了，所以想到了你们。我没事，吐完好些了，你们陪我走走吧，就当是醒醒酒，不然我怕一回到家，又要一个人在空荡荡的房子里失眠到天明。"

蓉蓉在一旁替她擦眼泪，清理她哭得一脸杂乱的妆容，不然这样子走在街上，还确实有些吓人。

厦门冬天的晚上，有些许冷意，但是好在夜景瑰丽无比，走一走，一整天压抑的心情确实舒缓很多。

小粒突然说："今天我见到他了，他搂着一个打扮得花枝招展的女人就在我面前大摇大摆地走过，我站在他的面前，就好像空气，好像可有可无的一个摆设。"

我们都知道，她所说的那个他，就是被我们一致认定为渣男的男朋友。

小粒的感情史足够长远，但并不绚烂，她和那个男生在一起，八年，从十九岁一直到二十七岁。只不过直到今天，他们依旧还未结婚。而且还朝着渐行渐远的方向发展，准确地说，是那个男生在毕业之后越来越开始放飞自我，而小粒却变得越来越卑微。

其实我们不是没有劝过小粒，说以她这样的条件，找一个强他十倍、百倍的男生，也并非难事，为什么还要守着一个明知道只会让自己受委屈、只知道伤害自己的渣男？

每次我们这么一劝，她也跟着说："其实不瞒你们说，我自己也曾经无数次这样想过，以我的工作能力，以我的家庭背景，以我自身的长相身材，我今天一跟他分手，绝对会有很多个比他优秀十倍、百倍的男生排着队跟我表白。可是人嘛，总是愿意守着过往，守着回忆过活，总是把那些早就远去的记忆敝帚自珍地当成宝贝。更何况，我始终觉得，这么多年，我们不容易，我也不甘心就这样仓促结束，所以想等等看。"

那个男生爱玩，众所周知，可是在小粒眼中，生活本身已经这么枯燥了，他找点自己喜欢的事情做无可厚非。男生不上进，毕业四五年了依旧只是一个最底层的小职员，小粒也认为，并不是每个人生来就是职场精英，生活最重要的是安稳，也没有什么可以苛责之处。男生有时和朋友出去玩乐，夜不归宿，小粒也生过气，但是她认为，毕竟这么多年的感情了，不能因为男生出去玩了几次就轻易说分手，说不定他以后会改呢！以至于到了后来，她亲眼见到男生和别的女生交往的短信，明明鼓足了勇气要离开，但是男生回家一求，她就立刻心软了。

在他们的这段感情中，小粒把自己的全部身心都奉献了进去，每次男生出错，她总是用各种理由、各种借口去为他开脱。哪怕到最后，男生出轨了，她还是对自己说，他只是初犯，也许只是觉得新鲜刺激，也许只不过是他们之间平淡得太久了，所以想找一种新鲜感，等他玩累了、玩够了，就自然会回到自己身边了。

他一步步变本加厉，她就一步步退让妥协，而他不但不知珍惜，反而更加肆无忌惮。其实并不是他有多爱小粒，而是他从内心觉得，这个女人爱他，深入骨髓的那种爱。所以她离不开他，即使他再混，再不要脸，她都会原谅，都会宽容。所以他明知道自己所做的事情对不起她，他的内心也没有丝毫愧疚，也不会担心她会离开他。

而那天晚上，小粒和朋友去KTV唱歌，又一次和他面对面碰了个正着。他甚至可以面不改色地搂着另一个女人，从她的眼前冠冕堂皇地走过，就好像眼前的这个姑娘，不是自己相处八年的女朋友，只不过是一个擦肩而过的陌生人一般。

而这一次，小粒自己都记不清楚，是第几次发现他和别的女人暧昧不清了。

哭过之后，小粒擦干脸上的眼泪，就像平常一样，向我们笑得明媚阳光。她说："恺哥，蓉蓉，谢谢你们，这一次，我要跟过去道个别了。我终于明白，在这段感情中，对于他而言，我有多大度，他就有多跋扈。所以，我不想大度下去了。"

几天之后，小粒跟我们道别，她说她要走了，去一个全新的城市，开启全新的生活，做一个真正的太阳女神。

其实我心里是有些高兴的，是为小粒卸下这层沉重的感情包祅而开心。从来没有一个人，能在一段千疮百孔的感情中，找到幸福的未来；也从来没有人，能够真正挽回一个浪子的心；更没有一个人，会在一个不那么在乎自己的人身边找到归属感。

而这时候，离开，才是最利落的决定。

爱情是守恒的，这边多一分，那边就少一分；这边用力一分，那边就松懈一分。就像是一场拉锯战，你来我往，这样的感情才会稳定。

一旦在感情中失去了平衡，那么这段感情就像是一场即将要失败的仗，摧枯拉朽，溃不成军。

记得网上有句这样的话，吃饭七分饱，爱人七分满。

水满则溢，月盈则亏。

如同爱人，太过用力，要么给对方一种喘不过气的压迫感，要么给对方一种你可有可无的松懈感，无论是哪种，都只会让这段感情快速地走向败亡。

谈感情，应该有原则、有底线，一旦踩过了线，一次或许可以原谅，但是有了第二次，就绝不回头。至于出轨和家暴这样恶俗的事情，在一开始的时候就应该跟对方秉明，只要有一次，就绝不原谅。正如很多人所说，出轨和家暴是一样的，从来都只有零次和无数次，有一就会有二，就会有千百次。

　　有些事情可以原谅，可以大度，但是有些事情，一旦发生，就只能选择结束。这是你的尊严，也是你在感情中给自己留的最后一点颜面。

他如果真的爱你，怎么舍得你太难过

忘了在什么地方读到这样一句话：以前我觉得爱情是一见钟情，后来我认为爱情是细水长流，到最后我才明白，爱情是安全感，是陪伴，是依赖，是放不下和舍不得。

其实我一直都觉得，所谓的爱情，并不一定要有小说情节里的那些轰轰烈烈，也不一定要像电影里演的那样浪漫，正好的感情就是，当你爱上我的时候，我也刚好在爱你。

在我的理解中，爱情是包容，是宠溺，是愿意为了彼此放弃一些很重要的东西。当然，爱情也是患难与共，同甘共苦，相扶相依。

我见到过很多结婚多年，也依旧甜蜜如初的夫妻，在他们眼中，看不到戾气，看不到埋怨，甚至看不到对这个社会的一丝不满。我也尝试过询问他们相处的秘诀，几乎所有的人都颔首微笑着说，两个人生活，哪有什么所谓的秘诀，不就是你体谅他一点，他包容你一点？互相为对方考虑，就能解决掉婚姻生活中绝大部分的矛盾。

我也遇到过好些结婚没几年就吵着离婚的，或者即使没离婚每天也吵得鸡飞狗跳的夫妻们，在他们的脸上，呈现出来的都是沮丧、埋怨，都是对彼此的不满和恨铁不成钢。甚至不用你去问什么，只要说起感情问题，他们就吧啦吧啦地跟你倾诉起家中另一半的不是来。女人嫌弃男人不上进没出息，好吃懒做，不关心自己和孩子；男人嫌弃女人大手大脚乱花钱，挣的还没花的多，嫌弃女人不收拾自己，不注意自己的形象……

其实有些男人并非不上进，只不过是他已经拼尽全力了，也只能得到现有的社会地位；他也不是不顾家，只是有可能工作压力确实太大，应酬太多，根本没有闲暇时间去好好地跟妻子、孩子说话。

而对于女人们而言，家里的一切开支用度，都是需要花钱的，或许她真的买了件比较贵的大衣，买了瓶还不错的香水，那也只不过是因为她真的很喜欢它们；至于不顾及自己的形象，家务、孩子、公婆已经足以让一个女人崩溃了，加上男人因为各种原因的不帮衬，她哪里还有时间、还有心思去打扮自己？

两个人在一起生活，不是为了把自己交给对方照顾，而是要携起手来，好好地照顾彼此。婚姻，不能成为爱情的坟墓，而应该是爱情的延续和结晶。

其实，听了太多的歇斯底里，看了太多的对簿公堂，也目睹了太多的互相埋怨。我总结出一个规律，在一段婚姻中，如果不是因为感情出现变故而导致关系难以为继，大部分的原因只不过是，有一方是一个彻头彻尾的自私鬼。即使有例外，也只可能是双方都是彻头彻尾的自私鬼。

如果从一开始就不是因为爱情，而是因为找了个"保姆"，或者找了个"钱包"而一起搭伙过日子，那么一旦进入婚姻，双方原本的面目就暴露无遗。他希望自己从此之后，衣来伸手饭来张口；她希望不劳而获，伸手就能有钱花。

总有一方是不愿意付出的人，期待着对方忘我地对自己好；一旦这个期望没能实现，巨大的落差感就开始从心底萌生，于是开始争吵，开始嫌恶对方。从一开始，这段婚姻，就不是因为爱情，而是因为所谓的合适。

家庭背景门当户对，身份地位相互匹配，身材相貌互相登对，甚至是工作和发展前景不相上下。这样的两个人走在一起，很容易给人一种很搭的感觉。但是别忘了，他们的结合，不是因为爱情，而是因为外在条件的"合适"。

他不爱你，同样地，你也不爱他。在这样的一段像是为了完成组合家庭、衍生下代而临时组建起来的一对，又有谁真的愿意真心地去为对方付出甚至是牺牲，又哪里来的包容和珍惜？

真的爱情是怎样的？是小别重逢热泪盈眶，是分开数日牵肠挂肚，是看到所有美好的风景都第一时间马上就想到要一起分享，是即使看遍万千世界也觉得他在自己心中依旧独一无二，是即使满腔委屈、满肩重担也依旧想要给她撑起一小片万里晴空。

如果他真的爱你，怎么舍得你千山万水长途跋涉？如果他真的爱你，怎么会舍得你四下流离居无定所？如果他真的爱你，怎么舍得让你满脸疲惫满心负累？如果他真的爱你，是一定一丁点儿也舍不得让你难过的。

丁小云嫁给大鹿的时候，大鹿一无所有，甚至因为上大学还欠下了几万块的助学贷款。

小云父母是教师，虽然家境算不上优渥，但也算是小康家庭。但大鹿不一样，他家在最僻远的山村，父母靠着三亩田地把他拉扯大，直至上大学，家中早就一贫如洗。

小云说，她记得第一次去大鹿家，那天晚上睡觉的时候，她真的被冻哭了，是真的流眼泪了。大冬天，北风呼啸，恰巧那晚又下了一场大雪。而大鹿家的窗户是用塑料油纸封住的，那天被风吹破了一个大口子。她躺在床上，虽然盖了厚厚的被子，但还是冷得瑟瑟发抖。大鹿抱着她，用尽所有力气想让她暖和些。

第二天早上，小云就感冒了。起床时，下了一晚上雪之后，天空突然放晴，阳光照射在茫茫的雪地上，一眼望去，美不胜收。看着眼前的美景，看着大鹿父母淳朴而又极力想要讨好她的善良举动，小云一下子就忘记了昨晚上冷得在被窝里流眼泪的事情。

回城的路上，大鹿一直在说对不起，让她受苦了。小云看着眼前眼神诚恳、面色无限愧疚的男生，顿时心里一阵感动。她知道，想要嫁给大鹿，她的父母一定会极力反对。但也是那一刻，她突然意志异常坚定。就是他了，哪怕吃苦受累，她也认了。

过后的几年，大鹿过得异常艰辛，忙得每天只睡五六个小时，平时要么在加班，要么在和客户喝酒应酬，要么就是在外地考察市场。

小云记得，有天晚上，大鹿喝得酩酊大醉，回家时已经不省人事，但是仍然止不住地呕吐，后来哇的一声吐出来一摊血。医生说，是平时喝酒太多，胃损伤太大，加上这次喝得太急，胃出血了。

好在一番不要命的拼搏之后，大鹿的事业逐渐步入正轨，和朋友合伙的公司也开始盈利。短短四年的时间，他们就在省城买了一个大三居，买了一辆三十万上下的车，结婚的事情也逐渐提上了日程。

其实小云劝过大鹿很多次，日子还很长，事业也不着急于一时半会儿，要注意自己的身体，不要拿命去拼前程。

可是每次大鹿都说："你能跟我在一起我就觉得是这个世界上最幸运的事了，可是我又怎么能让你跟着我一直过苦日子？我努力一分，就离我们脱离现在的困苦遥远一分，离我们想要的未来近了一分，也离我娶你的日子近了一天。"

小云被感动得哭得稀里哗啦。

小云跟我们说起他们在一起的点点滴滴，从来都是幸福的小女人模样。大鹿虽然工作辛苦忙碌，但是只要闲下来，就会陪她去看电影，或者两个人手牵手一起去菜市场买菜，或者帮她一起做家务，遇上天气好的时候，会骑着单车带她去郊区兜风……

小云说，其实和大鹿在一起这么些年，虽然过得清贫了些，但是她从来都没觉得苦过，就连那天去他家被冻哭了，第二天一看到他们家把自己当作掌心宝一样地呵护，突然就觉得并不是那么艰难。

生活实苦，特别是在房价高得离谱的当下，年轻人想要在城市里立足，想要有一个属于自己的家，更是得付出千百倍于常人的辛苦。但是我始终都觉得，如果两个人同心协力，互相包容，互相鼓励，互相依偎，就没有什么困难克服不了。

小云和大鹿的故事虽然励志温暖，但恕我直言，并不是每一对情侣都适用。大鹿忙于事业，难免会有些疏忽小云，但是她不但没有责备，反而大力支持，默默鼓励，但是还有很多姑娘，或许经受不住这样的清贫和孤独，一早就独自离开。同样地，小云从小家境不错，难免有很多地方会和大鹿三观不同，但是大鹿并没有责备和刁难，而是选择尊重和呵护，很多男生遇到这样的姑娘，或许也会觉得对方是大小姐脾性，难以忍受而选择分开。可是他们没有，而是相扶相守，守得云开见明月。

说到底，这就是爱情。

而那些半道离开的，除了些许的自私，还有很大一部分原因，那就是其实并没有那么爱对方。

真正的爱情，无论男女，是舍得为对方不计一切付出的，是为了对方可以适当地调整一下自己的脾性和生活习性的，也是会为了对方抹去身上的棱角只为能够更好地守在他身边的。

如果你还在猜疑他是不是真的爱你，那你一定要细想一下，他是不是舍得让你难过、舍得让你吃苦。

第四章

伤害过你的人，可以原谅但绝不能轻信

$$\vdots$$

曾经伤害你的人，可以原谅但不可以轻信

我从来都不鼓励大家成为一个睚眦必报、耿耿于怀的人，也不希望我的读者成为一个浑身充满戾气的人。

所以很多时候，我都在传递一种善良、积极、向上的观点，同时也告诫身边的人，不要太执着于过往的恩怨。因为这样，不但自己心累，还可能给身边的人造成心理负担。

可是同时，我又不希望自己，不希望我所关心的人以及我的读者们，成为一个软弱的、任人践踏的人。

我们生活在这个世界上，能接纳的善意不少，可也经常被莫名的恶意侵袭着。

所以，在面对那些曾经伤害自己的人时，我希望我们能成为一个胸有大局者，你可以牢牢记着他曾经给过你的伤害，甚至也可以跟他老死不相往来，但是，千万不要为难自己，把别人的错

误惩罚到自己身上，使自己郁郁寡欢，而对方却一直逍遥自在。

当然，在放过自己的同时，你可以选择原谅这个当初对你造成伤害的人，但更重要的是，千万不要第二次踏进同一条河流，给他第二次伤害你的机会。

有时候，恶意伤害是有惯性的，一旦有了第一次，就会接二连三地有了第二次、第三次……

我们知道很多校园霸凌事件，一个软弱可欺的小孩，一旦被校园恶霸欺凌了第一次，如果这个小孩选择了忍气吞声，不敢报告学校，不敢告诉家长，那么很快就会迎来同一个人第二次的霸凌。

最悲惨的是，当身边其他的孩子，看到了小孩的懦弱之后，也会变成霸凌的帮凶。

从此，这个小孩便开始了校园里的黑暗生活。

但如果，从第一次，这个小孩在面对霸凌的时候，就奋起反抗，要么报告学校，让老师来处理；要么告诉家长，让父母介入其中；要么干脆自己勇敢一点，面对校园恶霸毫不示弱，给他一个"我不是好欺负"的印象。我想，所谓的校园恶霸就不会去轻易招惹这个小孩。

我弟弟刚上小学的时候，我就跟他说："如果有人欺负你，你就告诉老师，老师要是不管，你告诉爸妈；如果还有第二次，你就是打不过，也得勇敢地像个爷们一样跟他干上一场，别忘了，你还有哥哥呢！"

当然，我同时也告诉他："即使这个人曾经伤害过你，你也没有必要一直生活在仇视的阴影中，你可以原谅他的过错，也让自己不用一直耿耿于怀，心有怨言；但是，从此之后，这个人，你得适当地离他远些。因为一个人如果选择用伤害别人的方式来达到自己的目的，不管在之后的生活中如何变化，内心的暴戾和阴暗是一时半会儿改变不了的。而且，很可能，他还会为了自己的利益，选择再次伤害你。"

王进和我是从小光着屁股满山跑的二十几年的老友。

读书工作这么多年，我认识了很多人，身边有过很多朋友。有些谈得来的，变成了形影不离的知己好友，有些只是酒肉之交，还有些是淡淡的点头之交，而另外一些人，当我抽离了那个环境后，彼此就再无联系。

王进不同，从小知根知底，两个人也志趣相投，虽然高中之后，甚少相见，但一直保持着联系。

大多时候，我们只是在逢年过节期间回到老家，两个人烫一壶酒，聊聊彼此的近况，畅谈两个人的未来。

这种感觉，是在外打拼时体会不到的畅快淋漓。

我一直以来都是个十分念旧的人，离开某个环境时，总会有些不舍，无论对人还是对事，都保持着一种依恋的情愫。但是我对于那些因为环境的改变而错失的朋友，从未觉得可惜。毕竟，很多人注定只能陪伴我们走过人生旅程短暂的一遭。

最重要的是，能够有一两个知己好友，贯穿生命的始终，就是人生莫大的福祉。而王进，算起来，就是这一两个人中的一个。

王进生性纯良，憨厚老实，踏实上进，但思维十分缜密活跃，从小时候起，身边的人就说，这小伙子将来长大了，是做大事的人。

去年过年，老友相聚，一壶浊酒，便开始了这几年的回顾总结。

王进在北京念的大学，毕业之后就去了上海，一开始在一家创业型公司上班，因为勤恳，也因为思维活跃，创新能力强，所以上升得很快。一年时间就做到了公司技术主管的位置，年薪是我当年的四倍。

王进在那家公司干了两年，积累了一定的人脉和资金，便开始出来单干。当时跟他合伙的还有他大学的同学黄先生，两个人畅想着未来，相信凭借着他们过硬的技术，一定能尽快拿到风投，让公司在风雨飘摇中走向正轨。

事实证明，有能力又勤勉的人做事，即使失败了也能迅速拔地而起。王进和黄先生在经历了很多挫折和坎坷之后，公司终于拿到了第一轮融资——不多，两千万。三个月后，终于拿到了第一个大单。

在此之后，因为运营逐渐完善，公司的业务水涨船高。

就在王进以为，再努力几年，等公司各项机制完善之后，可以着手借壳上市的时候，他意外发现，创业初始两个人口头协商好的各占50%的股份，其实自己一直没有拿到股权书。

长久以来，王进一直在专心做技术，因为相信黄先生的人品，所以在股份这些事情上从来也没有过多的关注。直到风投进入，年底分红的时候，王进才发现，他仅仅只是公司的CEO而已，没有所谓的干股，没有任何在公司的相对权益。

从公司创立至今，他呕心沥血，到头来，只不过是一个职业经理人。他找黄先生对质过，对方一直含糊其词，没有明确的答复。

王进心灰意冷，作为曾经的同学，碍于面子，他也不想太撕破脸皮，于是愤然辞职了。

辞职当天，听曾经的下属跟他说，就在他离职的那天晚上，黄先生组织了整个公司开了一个庆功晚宴。

看来，是庆祝自己灰溜溜地逃离啊。

王进在圈内的口碑不错，加上过硬的本事，即使离开了自己辛辛苦苦打拼下来的公司，在这座纸醉金迷的城市立足根本不成问题。

刚一离职，就有十数家公司抛来了橄榄枝。因为有了第一次的失败，王进不想太快走进创业的大潮，于是进了一家公司任技术总监。

一年半过去了，黄先生突然找到王进，说公司运营困难，有个技术关口过不去，需要他帮忙解决，如果这个事情没有解决，会给公司造成意想不到的巨大损失，甚至有可能会造成公司崩盘。黄先生说，只要王进帮忙，当初的承诺依旧有效，并且愿意把公司的法人改成他。

王进心想，毕竟是自己一手打拼下来的公司，不能让它就这么垮掉；对方又是自己四年的大学同学，见不得他受难，只要他足够诚心诚意，那就回去吧。

于是王进辞掉了自己的高薪工作，再次回到了当初的公司，经过半个月不眠不休的奋战，终于攻克了技术难题。

黄先生也终于实践了自己的诺言，把公司法人改成了王进，同时给他配了30%的股份。同时还跟王进说，自己母亲病重，急需用钱，女友也催着结婚，要在上海全款买房，希望将自己手中的股份变现。

王进二话不说，东拼西凑，甚至不惜银行贷款，将他手中的股权买下，几千万的现金就这样流入了黄先生的账户。

只是王进没想到，在他接管公司之前，公司财务账面已经亏损得一塌糊涂，同时还面临着银行的巨额贷款。现在的公司，只不过是表面繁荣，实际上已经风雨飘摇、岌岌可危。他一个技术人员，根本不懂任何财务方面的东西，当时还真以为黄先生是改过自新，一时大意，也没有过多查证。

这次，对方不仅卷巨款一走了之，还给他留下一个烂摊子。公司只需要最后一根压死骆驼的稻草，就足以轰然倒下。

这一切的交接，都是法律范围内的操作，王进根本没有任何途径可以起诉对方，也根本不可能追回自己东拼西凑弄来的巨款。

他只是没想到，短短两年不到的时间，自己竟然傻乎乎地两次踏入了同一个人的陷阱。

那时候他才明白，有些人是真的生来利欲熏心，无论你用怎样的胸怀去对待他，得来的，都只不过是对方一次又一次的伤害和背叛。

不仅仅在事业上，在感情中，如果一个人选择用践踏原则的方式去伤害你。那么，你一定要记住，这种事情，一旦你心软，就一定还会有第二次。

琳琳和陈鹏相识在大学。

琳琳家境殷实，父母都是国企高管，从小也算是娇生惯养；陈鹏不同，家境贫寒，全靠自己的努力才考进了省内这所数一数二的大学，就连大学的生活开支，都是自己一手做兼职赚来的。

都说穷人家的孩子早当家，穷人家的孩子最善良淳朴。但还有些人，因为过怕了那种穷困到极致的生活，因为再也不想回到那段如同梦魇一般的日子，在见识了这个社会的灯红酒绿、见识了这个社会的浮华之后，开始变了心性。

他们一门心思想要踩着别人的肩膀往上爬，一定要进入这个社会的上层，这样才能磨灭掉自己身上的那层难以甩掉的尘土气，然后扬眉吐气地告诉全世界自己也能征服命运，也能改变命运。

琳琳刚认识陈鹏的时候，这个小伙子虽然衣着朴素，但是干净俊朗，为人虽然沉默少言，但笑起来十分温暖。

关键是小伙子十分踏实上进，对人也很会知冷知热。

情窦初开的姑娘，遇见心仪的男孩子，特别是像琳琳这种心性单纯的姑娘，一下子就扎了进去。

刚开始交往的时候，陈鹏十分体贴，像照顾大小姐一般将琳琳捧在手心里，对她唯命是从，温柔有加。

四年时光匆匆而过。这四年，就在所有的小情侣闹得鸡飞狗跳的时候，琳琳和陈鹏却过得甜蜜又安稳。他们很少争吵，就连生气都几乎很难发生。

因为每次只要琳琳一出现生气的迹象，陈鹏就马上知道了她的小心思，立马将她哄得开开心心的。

毕业之后，在琳琳父母的安排下，陈鹏和琳琳都进了央企，和其他应届生不同，他们直接进入了集团总部。

可是工作后没多久，琳琳突然发现，陈鹏好像变了，变得越来越晚回家，应酬越来越多，对自己也越来越不上心。

因为长相出众，加上工作能力也不错，陈鹏深得公司小姑娘的喜欢，身边经常围绕着一群莺莺燕燕。

就在琳琳疑神疑鬼的时候，陈鹏出轨的事情被坐实了。

琳琳在电影院门口，亲眼见到了陈鹏牵着一个女生的手，有说有笑地走了出来。

那个女生琳琳认识，是陈鹏他们部门领导的亲侄女。

事情败露之后，陈鹏跪在琳琳身前，哭得满脸泪水，说自己只是一时糊涂，跟那个女生并没有发生什么，只是吃吃饭看了场电影而已。

陈鹏恳求琳琳，这件事情千万不能告诉她的父母，以后他一定一心一意地对琳琳好，和那个女生断绝来往。

琳琳想起她们五年来的感情，甜蜜的过往像一幅幅电影默片在脑中闪过，她想过分手，可是又有些不舍得。毕竟，眼前这个男人，是她足足爱了五年的人。

在陈鹏的多番保证和发誓下，琳琳最终还是妥协了，选择将这件事隐瞒下去。

之后的陈鹏确实也本分了不少，每天按时上下班，还时不时地准备了礼物和惊喜让琳琳开心。琳琳甚至觉得，他们又回到了从前，回到了当初恩爱甜蜜的时光。

半年之后，他们的婚礼如期举行。

也是那个时候，陈鹏升为了部门副总。

结婚后几年，小夫妻的感情一直很好，不甜腻，但是也不乏味，虽然在一起这么多年，但丝毫没有褪色的迹象。

几年之后，琳琳的父母退休了。

就在琳琳庆幸地认为，当初幸亏没把事情闹大，才给自己觅得如此良婿而沾沾自喜的时候，她突然发现，没了自己父母的钳制，已经当上了部门领导的陈鹏开始变了。

温情变成了冷漠，海誓山盟变成了冷言冷语。如果说以前和别的女人暧昧还只是偷偷摸摸，现在已经光明正大到完全忽视琳琳的地步。

甚至在琳琳忍耐了小半年之后，他居然明目张胆地将那个女人带回家中。

那时候，琳琳才发现，原来陈鹏早就起了背离之心，只不过当初碍于自己父母的关系，一直压抑隐忍。如今他熬出头了，就开始变本加厉。

什么甜言蜜语，什么温柔体贴，都只不过是他想要往上爬演的戏码而已。

而自己，竟然在明明发现端倪之后，还傻乎乎地替他打着掩护，到最后，受伤害、受委屈的还是自己。

其实，每一个伤害过你的人，内心都潜藏着伤害你无所谓的心态。

一旦你纵容了一次两次，那么这一次两次，就成为他肆无忌惮的帮凶。

我们可以活得宽容、活得善良，但这种宽容和善良，从来都是只给同时对你也宽容善良的人的。对于那些伤害自己的人，我们一定不能轻信。

盲目的退让，是对恶的纵容

从小到大，在我的教育认知里，无论是父母还是老师，都在灌输着一种思想：多一事不如少一事，得饶人处且饶人。

所以坦白讲，我的性格是偏向软弱的。

因为害怕社交上的恶语相向，害怕别人背后的闲言碎语，更害怕人与人之间因为一点小矛盾而产生出来的隔阂和冷漠。

所以在处理起人际关系时，我更多的是退让、妥协以及努力地做个好好先生。

但其实，往往很多时候，对方可能真的是贪小便宜成瘾。

比如买菜的时候，小商小贩缺斤少两，或者虚报价格，我总是觉得，块八毛的事情，算了，就不和他争了。

可是我意外地发现，恰恰就是我的退让和好说话，导致了我每次去买菜的时候，小商贩都会少给我几两，或者价格比别人多出几毛钱或几块钱。

他认准了，这是一个不计较的人，哪怕从我这里多赚几块钱，我也没什么意见，不会揭露他缺斤少两的事实，更不会和他争吵。

我曾亲眼见到一个大妈，因为他缺斤少两的事情，跟他吵得天翻地覆、面红耳赤。

大妈得理不饶人，硬是要他赔偿，小贩没办法，争不过去只能息事宁人，不仅一个劲地赔礼道歉，还把当天的菜钱免了。

而戏谑的是，从此之后，但凡大妈去买菜，附近的商贩们，不仅斤两给足，还会给加上几根小葱、几头小蒜。

一开始我还觉得大妈蛮横，为了几毛钱闹得鸡飞狗跳，其实不就是为了多得那么几根小葱、几头小蒜吗？

可是，去得多了，我发现，其实大妈和周围几个小商贩相处得还很融洽，大家总是笑颜以待，斤两给足的情况下，大妈也是笑脸相迎。

小贩们并不会因为她当初的较真和偏执就对她另眼相待，反而还多了一丝谄媚和巴结。

倒是我们这些好说话的人，不仅得不到大妈的待遇，缺斤少两的事情还依旧会时常发生。

朋友和同学有困难的时候，只要他们开口，我一般都会竭尽全力地去帮衬，有钱出钱有力出力。而有些朋友，总是几十、几百块钱地借，慢慢地也就忘了这事，他不提，我也不好意思说。

钱本身不多，穷不了也富不起，为了这么点钱伤害了兄弟朋友间的感情，总是不值的，我一向这么安慰自己。

于是有朋友总是接二连三地开始借钱，今天五十，明天一百，过几天又是两百三百，借钱的理由就那么几条：工资没发，穷得快揭不开锅了；女朋友买了包包，这个月又撑不到月底了；在外面办事，钱包没带，手机里也没钱了……

大家都是在外面打拼的，生活本身不容易，如果连吃饭都成了问题，作为朋友，帮衬一下也很正常。

但是事情的真相却让我大跌眼镜，聚餐的时候，这位朋友总是吹嘘自己穿一千多的衬衣，买八百多的墨镜，吃五十一克的牛排，住一千多一晚的酒店。敢情这么算下来，人家生活质量高我好几个档次，亏我还以为人家穷得连饭都吃不起了。

原来只是因为我好说话，人家在外面消费的时候，一些小钱就干脆让我埋单了，自己也懒得去提大手笔的钱了。有个"零钱提款机"，方便嘛！

了解朋友的情况后，我也曾婉转地跟他提起过借钱的事情，七七八八算下来，也有千儿八百了。这哥们一下子失忆了，说根本就不记得有借过我钱的事情。

好嘛！你不记得，微信有聊天记录和发红包记录嘛！

可是等我把记录发给他之后，再找人的时候，发现自己竟然莫名其妙地被拉黑了。

我笑笑，也就再也没找过他，当这些事情都没发生过。

可是我意想不到的是，几个月后，跟几个朋友聚会聊天，他竟在背后说了我不少坏话，什么我为人鸡贼啦、小气抠门啦、重钱轻感情啦，等等。

幸而朋友几个早就熟知他的人品，笑笑没当回事就过去了。

我心想，再见这小子，应该拿大耳刮子抽他。当然，我仅仅是心想，有些人，做不了朋友，做陌生的路人就好了。

我一直认为自己要做一个善良的人，做一个正直的人，为人处世要宽容大度，要不拘小节。但这不等于要一味地退让，而是要有一定的原则。

就好像，买东西时我会体谅商家的不易，但是我坚决不让自己在知道上当的情况下还刻意退让，因为我一旦这么做了，就一定会有下一个受害者。

可以说，我们做的每一份工作，都应该有自己的职业素养，专业才是在市场上决胜的前提，卖惨是会得到同情，但得到同情的同时，就代表下一次还会有不专业的情况发生。

职场是从来都不相信眼泪的，每一次的不专业，都是对别人利益的损害。

在面对朋友需要帮助的时候，我还是会给予力所能及的帮助，但是如果一旦发现这样的帮助得到的不是感激、不是同等的尊重，而是一个人肆无忌惮的索取和对你好意的践踏，我会选择不再帮助。

我们身边的人那么多，并不是每一个人都值得掏心掏肺，也并不是每一个人都值得倾力以待。良善者，可以继续做朋友；而那些只是惦记占小便宜的人，还是敬而远之吧。

属于自己的，一定要努力争取

身边有很多人，过着"佛系"生活。

无论是在工作上，还是感情上，从来都是随遇而安，不争不抢。不是自己的，不去强求；即使是属于自己的，也是能让则让。

这些人和别人相处，给人一种大度、随和的感觉。

说实话，我们都十分乐意跟这些人接触。因为不会累，不会有负担，大家坦坦荡荡，清清爽爽，至少在这个复杂的、利欲熏心的社会，没有利益上的瓜葛。

其实，我从小也是这样一种人。

我们总是在内心里跟自己说，争抢什么呢？是自己的跑不掉，不是自己的抢不来，太功利反而让自己陷入心累的境地，何不大方一点，给自己一点宽容，给别人一丝善意。

可是到了后来，我逐渐发现，这样的一种生活态度，根本就不是所谓的宽容大度，更不是什么所谓的"佛系"生活。

说白了，大多数人是因为怕麻烦，因为懒，还有些只是因为社交恐惧，害怕陷入人际关系的纠纷当中。

说好听了，是现世安稳，说不好听了，其实是不思进取。

其实从来都没有所谓的"是你的跑不掉"。你不去争取，不去努力，在这个世界上，真的没有什么东西是属于你的。

要想拥有富足的物质生活，谁不是经历了一番艰苦卓绝的打拼？

要想和自己心爱的人走在一起，又真的有几对情侣和夫妻是一见钟情，谁不是下过一番功夫，最终才抱得美人归？即使一见钟情了，往后的岁月谁又不是一边磨合一边努力适应？

要想拥有健康的体魄，谁不是一边注意着饮食，一边在健身馆挥汗如雨？从来都没有暴饮暴食，对自己的身体放任自流的人能拥有傲人的腹肌和完美的马甲线的。

想要拥有不俗的事业，从来都不是三天打鱼两天晒网就能实现的，必须时刻精进，保持高度的工作热情，在自己的工作岗位上不断做出不俗的成绩才行。

我们生活在这个世界上，最好的状态从来都不是太中庸，太随便，对什么都不上心。而是对于属于自己的东西，就应该努力去争取；不属于自己的东西，不争不抢，不染指。

朋友陈海和林依依是在一次课外活动中偶然相遇的，一见钟情。

陈海高大帅气，文质彬彬，又颇具才情，所以自始至终都是小女生们追捧的对象。

林依依也是校文艺部的副部长，相貌出众，身段颀长，加上一副好嗓音，从来都不缺乏追随者。

这样两个学校的风云人物，第一次见面，就在电光火石之间暗生情愫。

没过多久，两个有情人就走到了一起。

没有浪漫的表白，没有花前月下的海誓山盟，就是吃了几次饭、看了几场电影，然后一起在学校的林荫小道上一起散步的时候，就牵上了对方的手。

他们本以为，只要两个人心中有彼此，就一定能携手走到毕业，走上社会，然后组建一个温馨的家庭。

也许是因为两个人在学校都小有名气，工作学习都很繁忙，从确定关系到热恋，并没有像其他小情侣一样，整天待在一起。

也许是两个人对这段感情太过自信，或许是对自己太过自信，在一起后，他们一直都显得有些疏离。过于自负的人，总是习惯以自我为中心，觉得这个世界上所有的善意都是围绕着自己的，即使自己只花一半的精力，普通人耗尽心思也许都不能匹敌。

但在一起还不到一年，两个人的感情就出现了裂痕。

陈海身边出现了新的追求者，虽然他对她毫无兴趣，但是也丝毫没有顾忌林依依的感受。他以为，他对林依依的感情，她是知道的，她不可能因为这样的小事情耿耿于怀。

而恰恰此时，林依依的身边也出现了追求的师兄，虽然没有陈海高大帅气，也没有陈海的气质风度。就连林依依自己，在刚开始的时候，对于这个师兄，也是抗拒的。

可是到了后来，林依依和师兄一起出现的次数越来越频繁，在一起的样子越来越亲密，我们兄弟几个才开始劝陈海，让他对林依依花点心思。

可是陈海却说，他和依依的感情，是那种外人理解不了的，誓死相随的感情，她不会离开自己。即使真的有一天会离开，也就意味着她根本就不属于他，自己怎么挽留都毫无用处。

陈海终究是太自信了，毕业前夕，林依依找到他说："陈海，我们分手吧！跟你在一起的这段时间，我根本感受不到你对我的感情，我们就像是一对若即若离的情感冤家。没错，我是爱你，可是我更期待的是一份安稳的、能够相伴左右的感情，这些你原本可以做到的，但是现在，已经有人替你做到了。"

而这个人，就是那个其貌不扬的师兄。

失恋的那天晚上，陈海醉得一塌糊涂。直到那时候，他才明白，自己有多爱她，有多不愿意离开她。

可是她还是走了，这个原本爱着自己的姑娘，就在自己的随意散漫中逐渐把心交给了一个她原本毫不在意的男人。

我们一直以为，已经属于自己的东西，属于自己的感情，根本无须维护就能一直停留在自己身边；殊不知，任何的不珍惜、不爱惜，都会将原本属于自己的东西和感情拒之门外，送进别人的怀抱。

这是莫大的悲哀。

我认识婷姐的时候，刚刚大学毕业。

那时候的婷姐已经是一家公司的HR副经理了，因为那时候公司HR经理辞职之后，一直没有经理。如果没有意外的话，等总监一退休，婷姐就能坐上总监的位置。

婷姐业务能力不错，在公司也颇得同事喜爱，关键是年纪轻轻就能爬到公司中层，可谓是前途光明。

当时公司里和婷姐同为副经理的还有一个人，就是婷姐当年一手带出来的徒弟王子怡。

王子怡出生在西部山区，家境贫寒，工作异常刻苦努力，在婷姐手下的时候，也颇得婷姐喜欢。

在婷姐的协助之下，这个其貌不扬的小姑娘，短短几年的时间，就做到了副经理的位子，虽然婷姐资历更老一些，但是他们的职位却是一样的。

就在老总监退休的那年，婷姐却突然怀孕了。

这让公司领导们犯了难，虽然生孩子之前，婷姐还能一直待在公司，但要面临着半年的产假。

总经理一向器重婷姐，把她叫到办公室，跟她说，总监的职位先给她留着，把王子怡再向前推一步，坐上经理的位置，在婷姐休假的这段时间，让她先代管HR部门的全盘事务，等婷姐回来，再正式接管。

可那时候的婷姐，一是想到生孩子之后，自己难免会打乱工作节奏，虽然家有保姆，但是工作上肯定还是会有些分心；另外就是王子怡是自己一手带出来的徒弟，家境实在贫寒，又十分努力，业务能力也不错，如果自己在前面一直站着位置，好像有些心有不忍。

于是向总经理建议，自己先留职，让王子怡上去，给这个年轻的小姑娘一个更好的机会和平台。

婷姐从来都没想到，自己在将来会遇到怎样尴尬的处境。

半年之后，婷姐休完产假回归。

但HR部门再也不是以前的样子了，王子怡专断独行，几乎垄断了整个部门的权力，甚至婷姐在她面前，其也丝毫不给一丝情面。甚至因为理念不同，婷姐出言反对了几句，她就扬言要辞掉婷姐。

这时候，权欲熏心的姑娘，眼里哪还有当初的师父，哪还有当年婷姐对她的提携之恩？

好在总经理总还念着当年婷姐为公司做出的贡献，才把这件事情拂了过去。

可婷姐之后在公司，就永远变成了一个饱受自己徒弟打压、处处受人掣肘、不得势的主妇型工作女性了。

聊天的时候，我说："如果当年婷姐你不是那么好心，把原本属于自己的位置拱手相让，那么今天，你依旧是部门的一把手，即使她手眼通天，在你面前依旧要温顺得像只小猫。"

婷姐笑笑，表情略带苦涩："是啊，到了今天我才明白，原来那些属于自己的东西，是真的不能轻易相让的。"

我们很难知道，站在自己面前笑容灿烂的人，到底心里装着怎样的秘密。

我们很难预知，今天还笑脸相迎的朋友，明天是否就会恶语相向。

我们甚至不知道，今天还恩爱有加的情侣，明天是否会分道扬镳。

但是无论如何，我们都应该保护好自己，在很多事情上不能太过放任随意。

那些原本就属于自己的东西，我们不能轻言放弃；那些自己得不到的东西，我们也不奢望。

你若不决绝，没人替你坚强

年少懵懂的年纪，我们总天真地以为，一段感情开始了，就是永远。

因为没有经历过生活的琐碎，没有经历过社会的诱惑，没有经历过现实的残酷，就妄图把未来当成臆想的欢乐园。

在一起的时候，总是幻想着未来幸福的模样。

要在巴厘岛拍一组唯美的婚纱照；要去迪拜来一场浪漫的结婚旅行；以后还要带上小孩、带上爱人，去稻城亚丁看漫天的繁星；有一间温馨的房子，面朝大海，春暖花开……

可是还未走到最终，就已分道扬镳，此去经年，不复再见。

感情和生活一样，经不住时光的打磨，一旦激情消散，新鲜感渐失，剩下的就只是岁月的平淡无奇和生活的琐碎。

没有相伴到老的决心，相随而来的便往往是曲终人散。

有的是双方相看两厌，争执代替了曾经温暖的过往；有的是另结新欢，率先出局；还有的，不过是无法跨越现实的藩篱，不得不遗憾地说再见。

可是无论如何，真正能天荒地老的感情太少。在感情的世界里，我们大多数人，只不过是越走越成熟，越走越理性。

以至于到了最终，结婚的，不是最爱的人，但往往是最合适的人。

跟很多青春期的痴男怨女一样，我也有过一段同样狗血却刻骨铭心的懵懂感情。

姑娘是高中同学，青春明亮，在高三的那段晦涩艰苦的时日里，她成为我黯淡生活中的一道光亮。

我想不起告白的场景，但肯定不是很浪漫。

因为我天性木讷，既不善解人意，又有些不解风情。

但是回想起曾经懵懂羞涩的过往，还是会觉得岁月在那样生气勃勃的时日里，显得可爱又乖张。

我两从小都是乖孩子、好学生，加上当时的班主任就是我亲堂舅，对我的要求特别严格，所以我们不敢公开自己的感情。但也正是因为这样，我们的心才贴得更近。

平日里上学，两个人都是若无其事的样了，不敢多说一句话，甚至不敢给彼此一个暧昧甜蜜的表情。

唯独让我们保持这份感情的，是半夜里躲在被窝中来回发送的一毛钱一条的短信。

那时候几乎每天聊到深夜，聊到彼此恹恹欲睡，甚至有时候发短信过去，她久久不回，才想到，她一定是累得睡着了。

那时候躲在被窝里发的那些短信，虽然都是一些毫无营养的口水话，但现在想起来，亦觉得甜蜜异常。

那时候学习十分忙碌，几乎每天都兵荒马乱似的忙到晚上十一二点，周末也要补课，唯一的休息时间就是周六下午的半天假。

我放弃了和哥们打球的时间，放弃了跟朋友们泡网吧打游戏的时间，而是和她一起，来到学校附近还在建的公园里，两个人在小溪边一坐就是一个下午。

回学校的时候，两个人又变得小心翼翼，就连进学校大门，也是一远一近，相隔了五百来米。

那时候我们伪装得十分好，谁都未曾发现我们之间的事情，直到毕业聚餐的那个晚上，当班上的同学知道我们的事情时，都大吃一惊，纷纷表示不可思议。毕竟我们俩性格相差太远，我安静木讷，她活跃开朗，两个看似完全不可能走在一起的人，却在暗地里交往了小半年。

但其实，任我们伪装得再好，还是有人知道。当时的数学老师在那天晚上我们还未说明关系的时候就直言了我们之间的事情。所以现在想想，以当时他跟班主任也就是我舅舅的交情，我们的事情，班主任也一定知情。

只不过教书育人几十年，见惯了太多的小男生小女生之间的那点情愫，加之也并未影响到我的学习成绩，睁一只眼闭一只眼罢了。

我是一个十分较真的人，一旦说过的话，就死心眼地记在心里，并且一直朝着这个方向前行。

我以为她也一样。

毕业时，我们许下的种种诺言，我们期盼的所有关于未来的美好事情，我一直以为，我们都有时间去实现。

若干年以后，等我们真的有能力扛起身上的责任时，我们还能继续在一起，去继续完成我们年少时未能完成的梦想。

我笃信并且一直在努力着。

可是现实和我预料的大相径庭。

我们只是刚刚踏入大学的门槛，仅仅因为一点小事就到了分手的境地。

我们不再局限在当年那个狭小的圈子里，她有她的朋友、她的生活；而我，身边也有了很多关系要好的兄弟哥们。

大学为我们这些小县城里出来的孩子打开了一道绚丽的大

门，外面有不一样的风景，有形形色色优秀的人。

后来她有了新的男友，距我们分手不到三个月的时间。

虽然我努力地挽回过，但换来的却是不耐烦和冷漠，甚至还有轻微的嘲讽。

那时候的我陷入一种巨大的挫败感和坏情绪当中，我不恨她，也不怪她，但是憎恨那时候的自己相貌平平，在整个人才荟萃的大学里，只是最平凡、最不起眼的一个。

说实话，是有过自卑的。

羡慕那些在台上熠熠发光的师兄师姐们，羡慕那些开口就能逗笑一桌子人的同学们，羡慕那些出手阔绰一顿饭就是我一个月生活费的朋友们，羡慕那些长得好看脾气还很好，特别招人喜欢的兄弟们。

可是，我却成不了他们。

接下来的三年里，我都在一个比较闭塞的情绪当中度过。

我会时常想起我们曾经在一起时的点点滴滴，会想起小城里虽然落后却温馨熟悉的街道，想起我们一同看过的虽然很烂俗但在那时候看来却十分惊艳的风景。

在这样的不断回忆和失落的情绪当中，我听着同学们告诉我的关于她的消息：她又换了新的男朋友，在同学聚会上有多引人注目，又换了什么样的新发型，交了什么样的新朋友……

而我却把自己埋在当年失败的感情里，无法自拔。

事情出现转折，是在大三下半学期。当时我在她学校附近给学生上完课后回学校的路上，遇见了她，这是分手后的第一次遇见。

我还是当年刚进大学时的模样：朴素、貌不惊人。

而她，变了。之前一头长发已经剪成利落的短发，化着淡妆，就连气质都变成了我不认识的模样，身边跟着男朋友，笑起来的时候更加明媚张扬。

我跟她打招呼，她笑笑，眼里没有任何情绪，就像是遇见了一个好久不见关系一般的老同学。

简单的寒暄之后，我们擦肩而过，甚至都没有回头再看一眼。

回到宿舍的时候，哥几个刚好在煮火锅。

一杯白酒下肚，我就呛出了眼泪。

桌子上电脑里放着矫情的爱情电影，其中女主角对自己说："你若不坚强，没人替你勇敢。"

我仰头，将眼泪硬生生地憋回了眼眶。

那天晚上，我醉得一塌糊涂，吐了三次。

第二天醒来之后，我整个人清醒得可怕。躺在床上，因为宿醉的原因，全身无力，可是思绪却越发明朗。

是时候和过往做个告别了，是时候要跟以前那个庸碌颓然的自己说再见了。

同时要说再见的，还有一直活在自己青春时光里的那个人。

我清理掉了之前所有关于我们的东西，清理掉了脑中还残存着回忆过无数遍的关于曾经的点点滴滴。

你若不决绝，没人替你坚强。

从那以后，我再也没有了她的消息。

那时候我才知道，原来丢失一段感情，丢失对一个人的牵念，丢失一个曾经耳鬓厮磨的人的联系居然是件那么容易的事情。

前面两年，如果不是我自己苦苦支撑，只怕我早就听不到一点儿关于她的消息。

人和人之间的关系，竟然漠然至此。只要有一方不刻意维持了，两个人以前不管有多亲密，只需一两年的时间，就将变成冷漠的陌生人。

毕业之后，我离开了长沙，来到了厦门。

不知从何时开始，我们又有了彼此的微信，双方躺在彼此的联系列表里，只是几乎从来不说话。

脱离了那段感情的桎梏之后，我开始变成了另外的模样，变得更加积极、更加努力。

有一份看起来光鲜靓丽的工作，陆陆续续给很多杂志供稿，开始出了几本书，身边有了一小众追随者，也成了很多人羡慕的对象，有了一段稳定的感情，有一个很恩爱的女朋友，然后有了自己的小房子，能开得出去的车，也有了自己的小公司。

也有人会说，才毕业三四年的时间，你已经变得这么优秀了；也有人会说，几年不见，你发福了，却更沉稳了；还有人说，真羡慕你啊，有漂亮女朋友，有一份稳定而不需要太用力的感情，还有很不错的事业……

我总是笑笑而过，因为毕竟没有人知道，当年我度过了晦涩暗哑的那几年；也没有人知道，在醉酒之前，那些强忍住没流出来的眼泪的苦涩味道。

只不过到了今天，多亏了当初的决绝，多亏了当初的坚强，才能变得更加充满韧性和张力。

而她，从事了当初大学对口的专业，开始在全世界各地飞，每天带着不同的人在不同的城市行走，说着它们古老的故事。

只是偶尔，看到我朋友圈的动态，会主动地说上几句话。

不是老朋友，却俨然老朋友的模样。

我知道，当年青春期我们之间的那些美好场景，早就在这些年的兜兜转转之中，飘散在了风中，不复再见。

祝她安好。

也祝你我决绝之后勇敢坚强。

活出自己，从学会拒绝开始

拒绝，对于很多人来说，只不过是不经意的一句话，或者是摇摇头、摆摆手的一个动作。看起来丝毫不花心思、不费力气的一件简单不过的事情，对于另一部分人来说，却伤透了脑筋。

明明心里有十个、一百个不愿意，但是又害怕伤了感情不知道怎么说出口，于是只好勉强地答应别人。结果是委屈了自己，而且很可能因为自己的抵触情绪，事情没办好，也坑了别人。

有很多人，并不是你帮忙，他就会感激的，还有可能你虽然帮了他，但是事情没办漂亮，到最后他反而责怪你。

去年过年回家，因为当时开了车回去。回来的时候，有几个一同来厦门的老乡，因为买不到车票，就答应捎他们一起过来。

加上女朋友以及我自己，车上刚好坐了五个人，大家出来工作，行李自然不少，所以有些拥挤。

当时村里有个从小长大的发小也在厦门，他妈妈见我返厦，一定要我给她儿子捎去三十个鸡蛋。

我当时心想，车上坐了那么多人，加上行李，鸡蛋放进来肯定容易挤破。于是跟她说："阿姨，外面能买到鸡蛋，现在车里坐了那么多人，放进去容易破掉。"

没想到，我还没出发，就听我妈说，这位阿姨四处在说，让我带几个鸡蛋都不同意，有了钱就看不起人了，有个车了不起啊……

我妈听不得闲言碎语，在我出发前，跟我商量："要不给她捎上呗，小心点就是了，也占不了太大空间。"

我也不想邻里关系太僵，想了想就答应了。

一千多公里，驱车17个小时，当时我记得鸡蛋给了后座的一个小伙子，让他放在腿上，没想到舟车劳顿，这小伙睡觉的时候把鸡蛋掉地上了。

到了之后，一看碎了七八个。

我没想到，就因为这样一件小事，那位阿姨在家里碎叨了半个来月，说我不想带就别带，带了还故意把鸡蛋弄破，一看就是成心的。

当然这还不算，坐我车的一个老乡，逢人就说我一路狂奔一千多公里，晚上也不带他们去旅馆睡个觉，干吗这么小气？也花不了几个钱。

现在想想，这都是一些鸡毛蒜皮的小事，可是也正是因为这些小事，造成了太多的不愉快。我妈在村子里也不好做人，走到哪里都听人说闲话；我自己明明受了委屈，还不知道怎么去跟人申诉。

可这些事情，明明可以一开始就明确拒绝的，至少后面就不会出现这么多难以入耳的言论。

我有拒绝帮你的权利，可我没有一定要帮你的义务。

帮你，我不需要感恩，也不需要说谢谢；但是如果尽力而为，却没能尽善尽美，我也恳请你，不要翻脸无情。

朋友凌凌有个闺蜜，关系一直很好，经常相约一起逛街、吃饭、唱歌、看电影，除了男朋友，凌凌和闺蜜在一起的时间比父母都多。

闺蜜在一年前失恋，虽然已经过了情伤时期，但每次和凌凌逛街，看到甜蜜的小情侣走过，她都会说："凌凌，好羡慕他们啊，那么恩爱，我也想有份这样的感情，这样我就不用经常缠着你了。"

一开始，凌凌以为她只是嘴上说说，开个玩笑罢了。可是到了后来，她开始说："哎，凌凌，你们公司不是有很多男生吗？能进你们公司的，一定也很优秀吧，不然你介绍一个给我呗！你

222

也不忍心我一个人孤独终老吧？"

凌凌经不住她的软磨硬泡，于是答应帮她看看。同事中有个小伙人挺踏实的，又上进，性格也还不错，对人和善，脸上也经常挂着笑容。凌凌从侧面打听了一下，男生还是单身，于是就经常约他一起出去玩。

闺蜜对这个男生也很满意，一来二去，两个人逐渐熟络了起来。然后，就变成他们两个人开始约会了。闺蜜整天沉浸在爱情的甜蜜里，除了男生没空之外，去找男生的次数还真是不少。

但是大概谈了半年的样子，他俩还是分手了。男生一脸沮丧，其实看得出来，他是很喜欢闺蜜的，按道理不应该是他的过错才导致他们关系破裂才对。

不过吊诡的是，这次分手之后，闺蜜没有跑过来找凌凌哭得天昏地暗，也没有向凌凌倾诉男生在感情中有多过分、多不体贴。这不像她的风格，以前每次感情中碰到一丁点儿事，她都会大晚上地跑来凌凌家哭诉。

凌凌工作很忙，虽然有些奇怪，但也没放在心上。

直到有一天，她们共同的一个朋友对凌凌说，闺蜜和男生分手其实原因很简单，只不过是因为男生是农村出身，父母都是没有工作的农民，闺蜜嫌他穷罢了。不过这就算了，闺蜜在凌凌背后，逢人就说，凌凌是嫉妒她长得比她好看，所以故意介绍了一个穷小子给她，以达到自己内心的平衡，说不定内心有多阴暗呢。

凌凌听完后，哭笑不得，想要笑但好像又觉得有些委屈，说委屈嘛，又想起闺蜜的盲目自信和迫害妄想症，觉得挺滑稽的。当初哭着喊着让人介绍对象的是她，介绍完屁颠屁颠追着男生不放的是她，知道男生家世后甩人家的也是她，现在又反过来说自己的不是。

凌凌也没有找她去解释，因为她知道，既然闺蜜有这样的想法，自己越是解释在她眼中就越真实。何况，把自己的一番苦心如此糟蹋的闺蜜，是真的没资格做好朋友的。

当然，最惋惜的就是，在此之后，那个男生见到凌凌，再也不像一开始那样自然和善了。能不和她说话就尽量保持沉默，能够绕开她就尽量避开。一开始还能开开玩笑，现在却变成了陌生人一般。

其实凌凌也懊悔过，闺蜜不是找不到男朋友，虽然她一再跟自己纠缠，但是敷衍过去就好了，总有一天，她会找到自己的中意人。这样，她们之间的感情也不会破裂，和同事的关系也不会搞得太僵。

记得之前和朋友聊天，他说过一句话："有两种忙我是坚决不帮的，一是找工作，二是找对象。找得好，到最后变成别人自己的事情，他们也不一定会记得；找得不好，那肯定会落下话柄，关系破裂。"

其实我们很多时候，总是碍于情面，面对别人的请求，即使再不情愿，也会答应，就算明知道这件事情自己根本就办不好，也还是会抱着侥幸的心理：万一办好了呢？也明知道事情搞砸之后，会让双方的关系变得很尴尬，但还是要安慰自己，以后闹僵也比现在不肯相帮要好。

可是你要知道，你应该有自己的原则，能帮到的就尽力帮，帮不到的或者即使能帮到以后也会产生矛盾的，哪怕现在遭到误会，也不要轻易应允。你不必怯懦，也不必碍于所谓的情面，你要活出有性格的样子，活成自己想要变成的那个自己。

这样，你在人情世故中，才不会变得那么被动。

没原则的原谅，是背叛的帮凶

在人和人的相处过程中，我一直认为，原则和底线是最重要的。

无论面对是非黑白，还是面对爱恨情仇，或者只是日常生活中的一些小事情，以及在工作中遇见的小问题。如果没有原则和底线，这个人就会被人认为是墙头草，不被信任、搪塞以及塑料感情就会如影随形。

没有真心的朋友，在遇到困难的时候，没有人会及时地拉上一把；或许也没有真正的敌人，因为根本就没有人真的在乎你。当你跌倒时，身边的人只不过是在围着看笑话，谁也不愿意伸出救助的手。

很多人总以为，没有原则和底线地混迹于人群中，是八面玲珑、圆滑老到的表现。

其实不然，我们每个人都多多少少对性格鲜明一点的人有种天然的印象感；而这些自诩为处事周到圆滑的人，在社会这个大熔炉中，往往是被边缘化的那个。

谁都不是傻子，谁都喜欢真性情的人。

当然，并不是说没原则、没底线的人会遭遇怎样的社交困难，而是说这样的人在面对伤害的时候，通常也会选择没原则地退让、妥协和原谅。

他们自认为这是宽容、是容忍、是大度。

可恰恰相反，这只是缺乏魄力和能力的一种体现罢了。

前些天，和久违的一群朋友跑去岛内喝酒。

酒过三巡，大家兴致颇高，于是又各自叫上了他们的朋友前来捧场。

我清楚地记得其中一个朋友带来了一个面容和善、体型稍胖的男人，他跟我们介绍，这是老陈。

老陈喝多了酒，原本有些木讷的性子逐渐放开了些。

可能是生活、工作不顺，熏熏然就说起了自己工作上的事情。

老陈已经工作七年了，这些年守着一家公司，摸爬滚打，如今好不容易混到了部门副经理的职位。但手下兵不多，就三个人：一个刚大学毕业的实习生，一个靠着领导进来的关系户，还有一个离异单身的女人。

实习生工作起来十分卖力，但是毕竟因为经验不足，在工作上不能帮上太大的忙；关系户像是吃皇粮的，别说老陈这个副经理了，就是面对经理，他也是一副趾高气扬的样子，工作上的事情指望他，还不如交给实习生呢；唯独这个离异的女人，有资历有能力，但是同样也富有心机。

老陈刚坐上副经理的位置时，这个女人（下文尚且称她为曾姐）对老陈还是比较敬重的，无论是工作上的事情，还是生活上遇到的困难，都会和老陈说一说。

职场老人最擅长的事，莫过于用自己生活中的小事去亲近身边的同事。

只可惜老陈木讷，虽然曾姐有意靠近，但他总是无法领略，或者说也懒得费心去钻研这些猜心思的事情。

在工作上，总是一视同仁，有成果报成果，有过错自然也义正词严地批评。

也许曾姐感觉，老陈就是一块不开窍的顽石，便就逐渐放弃了对他的示好。

老陈一直都不知道，这个看起来简单，脸上时常挂着明晃晃的笑容的女人，其实对他现在的位置觊觎已久，只是因为老陈的上位，一时让她的计划落空了。

在此之后，老陈发现，凡是自己团队负责的事情，总是会莫名其妙地出一些小差错；事情虽然不大，但是也会在很大程度上影响团队业绩。而他作为负责人，理所当然就要为此埋单。

有一次，老陈在做一个项目时，感觉到蹊跷，便在事前做了准备，倒要看看每次的差错都出在了什么环节。

他不查不要紧，一查就发现了，原来一直都是曾姐在暗地里搞小动作。最过分的是，曾经她还把自己团队的机密，告诉了竞争对手，导致他们一次不小的失利。

老陈当即就要往上报告，可是曾姐哭着跟他说，自己是个单亲妈妈，有孩子要养育，有父母要赡养，如果丢了这份工作，她不知道要怎么活。

老陈一听，心软了，于是就把事情压了下来。

这件事之后，曾姐安静了一段时间。只是老陈没想到，这短暂的安静，只是她变本加厉的前奏。

曾姐知道老陈此路不通之后，转而开始频频向经理示好。本来老陈和经理之间，关系就有些尴尬。

在此之后，老陈开始有许多的黑料在中层会议上被提出来，有些确实是自己做得不够好，也有些纯属恶意背锅或者干脆是凭空捏造的。

部门里有人曾亲耳听到曾姐在经理办公室抹黑老陈，特别替老陈抱不平。

老陈心想,算了,不过是一个可怜的女人,犯不着跟她计较。

但老陈的沉默让这个女人越发猖狂,前些天晚上,老陈有个项目要赶,留下来加班,刚好曾姐那天也在。

趁所有人都走了之后,曾姐走进老陈的办公室,语言开始有些露骨。

老陈心下一惊,连忙起身,将她推出办公室,就在办公室门口,还拉拉扯扯了好一会儿。

老陈没想到,第二天,公司里就有流言传出,说老陈性骚扰下属,而这个下属,指的就是曾姐。

老陈想,看来这个女人为了坐上自己的位置,是要放大招了,编造出这莫须有的罪名,这确实够他喝一壶的。

公司高层知道这事之后,已经特意找老陈谈了一次话,说是如果老陈没有什么有意义的解释的话,很可能会解聘他。

老陈出来喝酒,也正是因为这件事情太过烦心。其实他的手里有当晚的视频,那是之前为了查清楚项目出问题的真相,他刻意在自己的办公室装了摄像头。

现在只要他交出视频,就能保自己清白,也能留住这份工作;可一旦这样,也意味着曾姐会被解聘,她一个单亲妈妈,生活着实也不容易。

听完老陈的故事，其中有个朋友说道："老陈，你这完全是庸人自扰，你又不是圣母，凭什么要处处为陷害自己的人着想。"

其实，或许从一开始，老陈就把曾姐违规的事情上报，或许就没有了之后发生的这一系列让他难堪的事情了。

我们每个人生活在这个世界上，就该为自己的言行负责。没有人该为你承担什么，特别是你抱着恩将仇报的心态去做的事情。

可老陈，就是一味没有原则的原谅、没有底线的退让，才让对方以为他是一个胆小怕事、可以耍手段随便揉捏的人。

说到出轨，我想起了另一个异性朋友橙子的故事。

橙子性格温顺，虽然长得算不上倾国倾城，也算得上小家碧玉，肤白貌美。

橙子家境不算太好，父母虽然都是国企职工，可是父亲在她读初中的时候因为一场意外，终身瘫痪。

这么些年，靠着母亲的工资，才勉强将这个家维持下来。

橙子是在读大学的时候，认识先生王波涛的。

因为是老乡，在大学聚会的时候，王波涛一眼就看中了这个娴静美好的姑娘，之后就发起了猛烈的攻势。

橙子那时候未经历过任何感情，面对王波涛的温柔，没过多久，就深陷了进去。

王波涛家境不错，父母亲都是商人，从小娇生惯养，为人也跋扈乖张，可是对橙子，却好得没话说，对这个乖巧懂事的女朋友，从来都是面面俱到。

所以虽然一开始大家都不看好这段性格极不对称的感情，但他们还是恩爱幸福地走过大学最美好的三年时间。

我曾经一度想，是不是在面对橙子时，这位曾经张扬的花花公子真的就变了性子，被橙子给调教好了？

因为从相识到毕业后他们走进婚姻的殿堂，王波涛从来都没有忤逆过橙子一次，甚至也从未在她面前发过一次脾气。

王波涛无疑是爱橙子的，甚至因为这个女人，他原本乖张的性子沉稳了许多。这些年，和橙子在一起，他成熟了不少。

毕业后，王波涛就接手了父亲的生意，加上聪明、吃得开，家族的生意在他的带领下越做越大。

毕业第四年，橙子怀孕了，所有人都替他们高兴，甚至那些曾经预言他们走不过三年的朋友们也纷纷祝贺。

可也是这一年，王波涛出轨了。

当小三理直气壮地跑上门逼宫的时候，橙子还一直被蒙在鼓里，她不相信那么爱她的王波涛会出轨，甚至以为对方只不过是一个蹩脚的骗子。

直到王波涛闻讯赶回来拉扯着那个穿着暴露、妆容艳丽的女人时，她才明白，他确实在外面有女人了。

橙子闹过、哭过，甚至提出离婚过。

但是王波涛跪在她面前痛哭流涕、忏悔认错的样子，让她一刹那就心软了。他们曾经那么相爱，曾经一起经历过那么多美好的时光，她怎么割舍得下。

她以为，王波涛知错了，就一定会改。只要她自己肯放下心结，他们就一定还会回到从前。

可是自从出过一次轨后，王波涛就像是上了瘾。他年少多金，身边年轻漂亮的女孩子数不胜数，即使他不主动，也会有人扑上来。

也许是乖张天性的解放，自从那次橙子原谅他之后，他的身边就从来都没断过女人，后来甚至到了一周换一个的地步。

橙子一开始还会吵闹，还会质问，可是见得多了，就麻木了，连闹的力气都没了。

直到前不久，王波涛第一次提出了离婚。

橙子那一刻才明白，原来从第一次他出轨之后，这接下来的生活其实早就埋好了伏笔。只是自己那时候即使面对他出轨，也没有原则地选择了原谅，才在这后面的几年里，受尽了感情上的折磨。

　　如果从一开始，她就勇敢地走掉，或许那些伤痛根本就无须忍受，而现在说不定也早就走出了婚姻失败的阴影。

　　只不过，到了现在，她才明白，那次原谅，才是他一次次肆无忌惮背叛自己的帮凶。

　　我一直相信，做一个宽容的人，做一个豁达的人，会让自己生活得更舒心。

　　但是宽容，从来都是建立在底线之上的。

　　一个人毫无理由地打你一拳，如果你选择唯唯诺诺地隐忍，那么在之后的日子里，你很可能会被毫无理由地踢上无数脚。

事先做好约定，事后才不尴尬

我们可能经常会遇到类似的情况：你答应帮了别人一个忙，原本是本着好心，到了最后，却因为事情发展得并不顺利，对方反而对你发起质问，有了怀疑。

这种情况，就是我们平常所说的，吃力不讨好。

或者还有这种情况，就是自己明知道这件事情可能会产生不好的后果，或者这件事情根本就不是自己想去参与的，但是因为对方是亲朋好友，却不知如何开口回绝。

现实生活中，类似的事情几乎每天都在发生，而我们几乎每个人，多多少少都会遇到类似的情况。

人际交往的习性，会让我们在面对很多事情时，备感尴尬，明明内心是极度不愿意的，可是又偏偏说不出拒绝的话来，这让很多人十分烦恼。

　　可是我们可能没想到，我们越是这样用尽心思想要做一个面面俱到谁都不伤害的人，就越容易适得其反，总是在某件事情结束后，得到亲戚朋友的诟病；而那些心直口快，有什么说什么的人，却往往在交往过程中无往不利，不仅得到一个耿直的好名声，反而更多的人，更愿意和他们打交道。

　　因为跟这样的人相处，不用猜忌，不用躲躲藏藏，也不用想得尽善尽美，有什么事情说出来，大家一起解决，解决不了的，也丝毫怪不得任何人。

　　而这样的人，在人际交往过程中通常都有一个诀窍，那就是：事先做好约定，告诫彼此做好失败的心里打算。

　　同样的事情，两种不同的处理方法，到最后，结果也明显地不一样。

　　几年前，村子里有个男生近三十岁还没娶到老婆，他的父母便求隔壁邻居家的一位阿姨给介绍姑娘。虽然不是亲戚关系，但这位阿姨还是费尽心力地到处去给张罗合适的姑娘。

　　皇天不负有心人，没多久，阿姨就在隔壁村给这个男生相到了一个还不错的姑娘。

　　门当户对，姑娘比男生小几岁，关键是长得水灵。

　　双方都很满意，交往不久，就欢欢喜喜地在父母之命，媒妁之言下，拜堂成亲了。

我们所有人都以为，这俩人结婚之后，双方会恩爱有加，很快就会给他们家生下一男半女，一家人共享天伦之乐。

可是没承想，结婚还不到半年，逐渐失去了新鲜感的两位新人，就开始了没完没了的争执。女方嫌弃男方没本事，整天无所事事游手好闲；男方说女方是小姐身子丫鬟命，好吃懒做，还整天花里胡哨，关键是结婚半年了肚子还没一点儿动静。

也许是相处久了，双方的缺点开始暴露出来，原来还对这个儿媳妇十分满意的男方父母，也逐渐生出了厌恶感。

于是开始在村子里说起做媒阿姨的是非来，说她根本就没有尽心尽力，随随便便就给他们家的孩子找了一个好吃懒做的姑娘，目的就是看不惯他们家，要害他们家。

做媒阿姨听到这些闲言碎语，气得直发抖，委屈得眼泪大颗大颗地往下掉，这叫什么事儿呀？

当初是他们家自己求上门的，虽然自己不情愿，但是碍于邻居的面子，也不好拒绝。自己确实是尽心尽力地去撮合他们这对新人的，而且那时双方父母也是十分满意的。

可现在处着处着，出了问题，却开始怪罪到她这个媒人身上。

还有一则故事，讲的也是说媒的事情。

村子里有一户人家，也是儿子大了还未娶到媳妇，因为依云阿姨平时吃得开，十里八乡都有认识的人，这户人家的母亲，就找到依云阿姨，说是拜托她帮他家儿子寻门亲事。

依云阿姨爽朗答应，但是提前就说好："这桩婚事我可以帮你们撮合成，但是孩子们未来的福分我保证不了，他们恩爱有加，我就算功德圆满；如果相处过程中有什么拌嘴争执，可怪不到我头上啊！"

这户人家的母亲一听依云阿姨答应，那是感恩戴德，哪里还有什么闲话可说。

说来也真是不凑巧，这一对儿，还真的相处得不太好。才一两年的时间，双方吵离婚都吵了不知道多少次了。

可是男方的父母，在见到依云阿姨的时候，依旧是尊敬加感激，从来没有什么闲话流出。两家的感情也从来都没变过，依旧相处得十分融洽。

由这两个故事可以看出来，事先把丑话说在前头，对于自己做好事而言，有多重要。如果没有约定，说不定就都跟第一户人家一样，明明劳心劳力地做了好事，到最后却落得个吃力不讨好。

面对自己的亲朋好友，很多时候，即使难以办到，但是为了维系关系，为了彼此的面子，我们还是会勉强答应下来。可是往往到了最后，一旦事情往不好的方向发展，反而会让彼此产生隔阁，甚至引起矛盾。

在这种情况下，把丑话说在前头，就显得尤为重要。

事先交代好，这件事情可以帮，但是能帮多少，最后的效果会是怎样，我们谁都保证不了。

还有的时候，在面对某件事情时，我们明明十分不情愿去做，而且即使做了之后，也可能会发生让彼此都不愿意接受的后果。那么这时，事先说明也是必须做的事情。

相较于面子，相较于磨不开的尴尬，我觉得，事先说明情况以避免以后的不愉快或者矛盾，要重要得多。

随着社会的发展，男女平等的思想已经贯穿于整个社会。

在面对爱情的时候，可能双方都是盲目的。毕竟热恋只是荷尔蒙的喷发，只是两个人单纯地相互吸引，单纯地想要靠近彼此，留在对方身边。

但是一旦涉及婚嫁，事情就开始变得复杂起来。

我见过太多婚前爱得死去活来的情侣，刚刚步入婚姻不到一年，就因为理念不同、意见不合、价值观差异而闹得鸡飞狗跳，一地鸡毛。

但其实，很多东西，我们可以在婚前就事先说好，商量出一个更加合理的对策，如果意见一致，就可以皆大欢喜地步入婚姻；如果不一致，看双方是否能够妥协退让，如果可以，也不算是将就；但如果意见相差较大，双方又僵持不下，都不肯妥协，那双方还是先冷静一段时间为好。

婚姻不是儿戏，而是牵扯到两个家庭、牵扯到两个人终身幸福的大事，因此要协商的事情很多。

比如，是否在婚前做婚检，双方是否要签署一份婚前协议；在面对孩子的问题上，双方是愿意接受一个还是两个；婚后是跟父母一起住，还是小两口搬出来住；婚后家务要怎么分配，男生要做什么，女生又讨厌做什么；结婚几年打算要孩子，生小孩后，女生是否还要步入职场，前几年是以家庭为主还是以事业为主；在婚姻生活中，彼此的底线是什么，绝对不能触碰的红线是什么；结婚之后，家里的财政大权由谁支配，或者说怎样支配；婚房的装饰应该是怎样的风格，要买的车子是什么品牌……

这一系列的问题，看似一些琐碎的日常，可往往就是这些事情，让原本两个十分相爱的人走到濒临离婚的边缘。

可这些问题，明明是在结婚前就可以明确提出来、好好协商的。但很多新婚的小夫妻，就因为害怕伤害彼此的感情、磨不开面子或者难为情而对这些小事避而不谈，以至于婚后闹得不可开交。

其实很多时候，事情远没有我们想的那么复杂，也根本不存在所谓的难为情和磨不开面子，或许对方根本就不会因为你的这个事先约定而有任何想法。相反，还有可能因为你的坦率真诚更赞赏你的行为。

就如我之前所说的，每一个直率坦荡的人，往往更容易得到别人的青睐，而那些唯唯诺诺不肯直言的人，往往更容易受到别人的诟病。

更何况，事先做好约定，那么无论事后发生怎样的状况，我们都不会显得太被动、太尴尬。

不要随意奉献你的善意，或许有些人并不值得

看过一则花边新闻，说是某个明星为了慈善一直捐助山区一个贫困孩童。可是这个孩子在逐渐长大的过程中，不但不知道感恩，还因为有了明星的捐助而愈发地大手大脚，甚至学会了挥霍。明星获悉后，断掉了对他的资助，引来了这个孩子的不满和咒骂。

虽然不知道真假，却对这种人性感到莫名的悲哀。其实这种事情肯定不是空穴来风，不然也引不来那么浩大的争论。

其实这种农夫与蛇的故事，我们身边一直都在发生。

朋友欣怡姐认识陈冲的时候，他还只是个四处碰壁的刚毕业的大学生。那时候的欣怡姐已经是厦门一家广告公司的运营总监，处事干练利落，雷厉风行，在业内也算是有点名声。

在与客户洽谈业务的时候，陈冲作为对方的助理，虎头虎

脑，虽然看起来一脸懵懂，但是倒也勤快，端茶倒水的活干得不亦乐乎。这么一来二去，欣怡姐和陈冲开始熟络起来，再加上两人都是湖南老乡，欣怡姐对这个年轻人有了一种莫名的好感。

后来欣怡姐在与对方的多次会面中都没有再见到陈冲，问对方主管，才知道陈冲前不久已经离职。

原本以为只是生意场上的过客之一，再也见不到了，因为在这种名利场上，即使有了老乡之亲，也不见得能成为朋友。只是没想到两周之后，陈冲打电话给她，说是想出来见一面。

欣怡姐抽空前往，对方依旧是一副愣头青模样，面容稍显窘迫和羞涩。会面时，陈冲说起了自己的经历，声泪俱下。

他少年丧父，母亲靠干农活把他拉扯大，他大学毕业时，家中已经负债累累。而毕业之后的他也一直不顺利，在社会上四处碰壁。一年之后，他仍旧没有安身立命之所，心中觉得对不起母亲，也辜负了她的希望。

然后他又谈起这一年的工作来，说已经是三次离职了。无独有偶，基本上遇见的每个上司都显得苛刻而不近人情，对他更是视而不见。明明自己能力尚可，却偏偏让自己做些打杂的事情。

鉴于和客户的接触，欣怡姐也知道对方客户的难搞之处，再加上陈冲对其家世声泪俱下的诉说，她信以为真，再加上她原本就对这小伙子印象不错，因此像是姐姐一样态度柔和地安慰起他来。陈冲接着坦言，看到欣怡姐如此年轻就有如此优秀的业绩，希望跟着她学习。

欣怡姐欣然接受，并让他下周一就来公司面试。

就这样，陈冲成了欣怡姐的助理。在她的悉心教导和栽培之下，原本颇具上进心的陈冲可谓是进步神速，短短一年之后就能独当一面。加薪、升职，第三年的时候已经成为设计主管。

直到去年，欣怡姐率领团队参加一个大项目的比稿，公司十分重视这个项目，甚至连总裁都亲自过问。整个团队更是不眠不休，连续两个月铆足了劲，争取一举拿下这次比稿。比稿前夕，势在必得的欣怡姐露出了自信的笑容，如不出意外，应该是手到擒来。

可就在比稿当天，欣怡姐傻了眼，对手公司无论从策划还是创意甚至实施细节，都跟自己的如出一辙，甚至在许多地方加以修饰和完善，相对而言，比自己的作品要完美得多。因此，这场比稿，最终失败了。

总裁大发雷霆，把欣怡姐叫到办公室足足训了两个半小时。一出办公室，欣怡姐就开始想，到底是哪个环节出了问题，对方这么完美的剽窃，绝对不是巧合，唯一解释得通的就是自己这边出现了内鬼。可是欣怡姐想不出这个人到底是谁，团队里的每个人都是自己一手带起来的，不光是同事之谊，也有师徒之情。她更不可能怀疑到陈冲，他们私交甚好，甚至以姐弟相称，而陈冲如今所拥有的一切，毫不夸张地说，都是欣怡姐一手造就的。

但是没想到，半年之后，陈冲辞职，进入当初剽窃自己创意的那家公司，任设计总监。临别之时，虽有迟疑，但是欣怡姐仍因为这个弟弟有了更好的平台而发自内心地祝福。

直到与一个泛泛之交的朋友聊天（这个朋友刚好是之前对手公司的员工），才得知当初剽窃的真相：三十万，陈冲把自己整个团队的心血全部卖给了人家，这才导致自己做这行以来最严重的一次失败。

时过境迁，欣怡姐已经没有了当时的怒气。只是没想到，自己一路帮衬的人，竟是伤自己最重的那个。自己一路把他呵护周全，只为了他叫的那声"姐"，却不曾想对方当自己是往上爬的一把扶梯。人情冷暖至此，都怪自己当初眼拙。

同样的一件事，在一个很要好的朋友身上也发生过。大学时，朋友和舍友相处甚好，两人处处互相帮衬。那时候年轻气盛，热血沸腾，他们俩和另外一个同学一起尝试着创业，干了好多看起来朝气蓬勃的事。直到后来，朋友因为学习上的事，暂时退出了这个团队。但是多多少少，只要朋友空闲，总会乐此不疲地帮助舍友，两人感情甚笃。

到大三那年，当初一起创业开的小店基本只剩朋友一人在照看，其他两个合伙人都是各忙各的，而朋友当时也要忙着考证，焦头烂额，不得已之下，便跟舍友提出自己没办法再帮忙了。结果舍友非常生气，两人还大吵了一架，不管朋友如何解释，舍友始终不愿接受，直至最后他说："咱们以后，再不是朋友。"

朋友一直觉得，在大学这一段时间里，帮舍友良多，逢叫必到。直至最后这一次，不得已帮不了了，结果却换来恶语相向。甚至从别人那里听说，舍友跟人说起自己时，居然说自己人品不好。朋友听到那句话的时候，真是气愤之极，觉得自己如此付出，如此帮衬，却换来这么一句评价。但是随即就释然，不得不承认，当初舍友说的那句话，"咱们以后，再不是朋友"，也是他此刻内心最真切的回应。

朋友之间的深厚友情本来就不是你对他好就能证明的。有时，你越是对他好，他越是觉得理所当然；如果有一天，你不能继续下去了，那就是你罪大恶极。俗话说，一粒米养恩人，一石米养仇人。古语并非空穴来风。

朋友父亲病重，几乎花光所有积蓄，但还是差了几万元手续费，向昔日帮助过的几个朋友借钱，无一例外，全部婉拒。不是结婚花钱，就是生意失败，或者周转不来。无奈之下，他想起一直帮助自己的高中同学，便约出来喝酒。本来因为欠人情太多，不好开口，没想到高中同学主动问起是否有困难，朋友才说出窘迫的情形，但还是并没有主动请求帮助。因为同学结婚不久，身负房贷车贷，自己压力也不轻。

却没想到，几天后，同学转了十万块至他账上，说："自己尽力拼凑才凑到这么点，不知道能不能帮上忙，但是也算表一下心意。"

直到父亲病情好转，朋友才辗转知道，原来同学为了他父亲的救命钱，把自己刚买半年的车卖掉，东西拼凑，才给了他这笔对他而言意义重大的救命钱。

那些能一直互帮互助的人，或许并不一定是亲人，但是长久以来表现出了很深的情谊。这样的朋友，也许并不是什么过命的交情，但总是能一喊就到，雪中送炭，这才是值得我们用心相交的朋友。

在形形色色的人中，有的在你风光无限的时候，各处献媚，以相帮之名谋取自己蓄谋的利益；有的在你帮助之后感恩戴德、感激涕零，当你虎落平阳之时，往往成为那只相欺的犬；而有的不管你富贵贫贱，一直都留在身边，默默支撑和帮助着你，这些人，才是真正能让你花一生气力去守护和珍惜的。

所谓宽容，并非纵容

习惯了被人发"好人卡"，我们中的很多人，都习惯性地把自己当成了别人眼中所谓的"好人"。

你地下室自己的车位被一辆不知道哪里来的车霸占了一天，自己想想，还是算了，他总会走的，这样驱赶别人，显得自己很没胸怀、很势利。

邻居会说："你真是一个好人啊，要是我早就警告他赶紧挪车位了。"

可是接下来，这辆车隔三岔五地停在你的车位上。

家里遭小偷了，没丢什么贵重的物品，只是少了些零碎的钱，你还看见小偷那衣衫褴褛落魄的后背了。你在想，看他那样子，过得想必不太好，如果被抓了，他这一辈子估计就毁了。

和朋友说起这件事的时候，他们会说："你真是一个善良的人，小偷不管出于什么理由行窃，都是在犯法，要是我一定会报警。"

可是接下来，你发现家里接二连三地遭窃，原来人家小偷跟同伙说了，偷到一家同情心泛滥的主儿，不用害怕他报警，不用害怕被抓。

和人起了矛盾，原本只是普通的争论两句，结果对方三句不和就动手，把你打得头破血流、鼻青脸肿，事后还威胁你说以后见你一次打你一次。可是你想，还是算了，大家毕竟是熟人，无论报警，还是扯上官司，都会让自己陷入难堪的境地。

亲朋们说："你真是一个和善的人，被人打成这样了还不报警。"

可是接下来，但凡和人争论，只要是碰到脾气暴躁一点的人，对方都会抡起拳头往你头上砸。因为他们知道，跟你说话，拳头是硬道理，反正你也不会追究。

你用一种连自己都偷偷感动的宽容姿态和这个社会相处，所有认识你的人都说你大度、都说你善良、都说你脾气好。你也信以为真了。

可是你不知道，他们还说你打不还手骂不还口，被人偷了还同情小偷。你也发现，虽然所有人在你面前都夸赞着你的好，可是几乎所有人的眼光，在看向你的时候，都是带着鄙视和调侃色彩的。

因为在他们心中，你是没有尊严、没有底线的人。

你努力在人群中塑造一个良好的形象，努力让身边所有的人都喜欢你，所以无论身边的人对你做怎样的恶，你都会用一种自我意淫的方式去为对方开脱。

你努力让自己不要在意，让自己宽容、迁就，努力让所有人都觉得你不是一个斤斤计较的人。

可是你从来都没有想到过，没有原则地宽容，会让自己成为一具没有灵魂的躯壳。

宽容是对那些无心之过和知错能改的情况而言的。

如果是刻意针对、恶意犯罪、肆意打击报复，你仍选择息事宁人，那么这根本不是宽容，而是纵容。

必要的时候，我们应该懂得拿起法律的武器保护自己。

让人明白，即使你体魄羸弱，但也绝不是谁都能走上来用暴力威胁的对象。

我们可以宽容一个无心犯错的人，但是坚决不能纵容一个蓄意伤人的人。

我们可以宽容一个无意冒犯的人，但是坚决不能纵容一个招摇撞骗的人。

我们可以宽容一个无意泄密的人，但是坚决不能纵容一个故意背叛的人。

你要明白，宽容从来都不是纵容。

而你那些埋藏在内心深处、融入骨髓血液的善良，必须有一点义正词严的锋芒。